CSIC

CATARATA

La economía circular

Pablo del Río González, Christoph P. Kiefer,
Ana M. Guerrero Bustos y Félix A. López Gómez

Colección ¿Qué sabemos de?

DIRECCIÓN
Isabel Varela Nieto

SECRETARÍA
Carmen Guerrero Martínez

COMITÉ EDITORIAL
Pilar Tigeras Sánchez, CSIC
Pura Fernández Rodríguez, VACC, CSIC, Madrid
Manuel de León Rodríguez, ICMAT, CSIC, Madrid
Arantza Chivite Vázquez, Editorial Los Libros de la Catarata
Javier Senén García, Editorial Los Libros de la Catarata
Carmen Pérez Sangiao, Editorial Los Libros de la Catarata
José Antonio López Cerezo, Universidad de Oviedo
María Blanch, Universidad Complutense de Madrid
Raúl Ibáñez Torres, Universidad del País Vasco
Juan Ángel Vaquerizo, ISDEFE
María Isabel Porras Gallo, Universidad de Castilla-La Mancha

Catálogo de Publicaciones de la Administración General del Estado:
https://cpage.mpr.gob.es

© Pablo del Río González, Christoph P. Kiefer, Ana M. Guerrero Bustos
y Félix A. López Gómez, 2025
© CSIC, 2025
http://editorial.csic.es
editorialcsic@csic.es
© Los Libros de la Catarata, 2025
Fuencarral, 70
28004 Madrid
Tel. 91 532 20 77
www.catarata.org

ISBN (CSIC): 978-84-00-11405-3
ISBN ELECTRÓNICO (CSIC): 978-84-00-11406-0
ISBN (CATARATA): 978-84-1067-320-5
ISBN ELECTRÓNICO (CATARATA): 978-84-1067-321-2
NIPO: 155-25-052-X
NIPO ELECTRÓNICO: 155-25-053-5
DEPÓSITO LEGAL: M-9237-2025
THEMA: PDZ/KCVG/KCP

Índice

Introducción

¿Quién no ha oído hablar de la economía circular? Está por todas partes, en la prensa escrita, en internet, en la televisión, en las redes sociales... Se ha convertido en un término muy usado, con una connotación positiva. Sin saber muy bien qué es, creemos que es algo bueno para el bienestar, para el medioambiente o, en general, para la humanidad. Y algunos (acertadamente) establecen una conexión entre este término y el de *sostenibilidad*. Otros lo igualan al reciclaje, aunque la economía circular es mucho más que eso.

En efecto, la economía circular, sobre la que existe una abundante literatura académica y no académica, se ha convertido en un tema muy importante de investigación y en un objetivo de muchos Gobiernos. Por ejemplo, la Unión Europea tiene un Plan de Acción en Economía Circular y en nuestro país contamos con una Estrategia Española de Economía Circular (EEEC). En el Consejo Superior de Investigaciones Científicas (CSIC) también nos tomamos muy en serio este concepto y hemos creado una Plataforma Temática Interdisciplinar de Sostenibilidad y Economía Circular (PTI SosEcoCir). Esta PTI, que aúna las tres áreas globales del CSIC (sociedad, vida y materia), tiene como misión contribuir a favorecer el desarrollo sostenible, compatibilizando el crecimiento industrial y socioeconómico del territorio con la conservación de sus recursos naturales.

Aunque la economía circular lleva tiempo conviviendo con nosotros en nuestro día a día, parece que ahora somos más conscientes de ello que nunca. Al fin y al cabo, ¿quién no se ha enfrentado al dilema de reparar un electrodoméstico averiado o comprar uno nuevo? ¿Alguien no se ha preguntado la razón por la que los tapones de las botellas de plástico están unidos a la botella y ya no se pueden desprender de ella sin arrancarlas? ¿Quién no se ha preguntado adónde va la basura que tiramos o los productos que dejamos de usar, porque se averían o se hacen *viejos*, y desechamos?

Sin embargo, cuando escarbamos en qué entiende la gente corriente por la economía circular, nos damos cuenta de que, en realidad, existe un conocimiento difuso, inadecuado o incluso inexistente sobre ella. Y eso a pesar de que no se trata de un concepto nuevo, al menos no en la literatura académica. El término fue acuñado en 1990 por dos economistas ambientales, David Pearce y Kerry Turner, en su libro *Economía de los recursos naturales y del medio ambiente*, cuya edición en español se publicó en 1995. Además, son muchos los autores de textos académicos que llevan décadas defendiendo los límites ecológicos a la economía y la denominada analogía biológica, que propugna que los sistemas económicos deberían parecerse más a los sistemas biológicos, en los que los residuos de un proceso (natural) son los insumos de otros procesos, evitando la generación de desechos como tal.

En esto, precisamente, consiste la esencia de la circularidad, en lograr utilizar los recursos naturales en la menor medida posible, en lograr que aquellos recursos naturales que si se extraen y se utilizan en el sistema económico permanezcan en el mismo el mayor tiempo posible y se minimicen los residuos derivados de las actividades de producción y consumo. Todo ello a la vez que los habitantes del planeta Tierra somos capaces de satisfacer nuestras necesidades y de alcanzar altos niveles de bienestar. Todo esto se consigue, entre otras medidas, logrando que los principales agentes económicos (consumidores y empresas) adopten las denominadas prácticas circulares (o R), las más conocidas de las cuales son el reciclaje, la reutilización y la reparación.

La economía circular representa un enfoque holístico para abordar algunos de los desafíos ambientales más urgentes de nuestro tiempo, tales como el cambio climático, el agotamiento de recursos y la degradación ecológica (Heinrich Böll Stiftung, 2024). En este sentido, la economía circular es un ideal, algo que queremos alcanzar. Se contrapone a la economía lineal, que es la que actualmente tenemos, basada en un modelo de producción y consumo, en el que los recursos (materias primas) se extraen, se transforman en productos de consumo que se utilizan y se desechan como residuos. Actualmente, solo el 7,2% del material utilizado se recicla y se vuelve a insertar en la economía (Fundación Circle Economy, 2023). Esto genera un impacto negativo significativo sobre el medioambiente. Por tanto, queda patente que el modelo de economía lineal no es sostenible ambientalmente, pues da lugar a un excesivo uso de recursos y genera altos niveles de contaminación y de residuos.

En contraste, la economía circular busca minimizar los desechos y promover un uso sostenible de los recursos naturales a través de diseños de productos más inteligentes, con una vida útil más prolongada (PNUD, 2023). Por tanto, este enfoque no trata únicamente sobre el reciclaje, sino que reimagina cómo los bienes se diseñan, utilizan y reutilizan para minimizar su impacto ambiental. Los principios en los que se basa la economía circular adquieren cada vez más importancia a medida que los desafíos ambientales se agravan. Como consecuencia de los potenciales beneficios económicos y ambientales que ofrece, muchos Gobiernos a nivel mundial la han incorporado como un objetivo clave en sus agendas políticas.

El propósito de este libro es, precisamente, aclarar qué es la economía circular, cuáles son los elementos que la caracterizan y los diferentes enfoques del término. Sin embargo, va más allá. Recoge el conocimiento disponible sobre las barreras y los factores determinantes para lograr que la sociedad (mundial, europea, nacional, regional o local) transite hacia una economía circular, cómo se mide ese avance, si realmente estamos progresando en esa dirección y qué políticas existen para incentivar dicho progreso, así como para mitigar o eliminar las barreras que lo dificultan. Todo ello utilizando, en lo posible, ejemplos e incluyendo dos casos de estudio en dos sectores concretos, construcción y metalurgia, que son muy ilustrativos de la problemática a la que se enfrenta la circularidad, así como de sus oportunidades. Aunque, a diferencia de otros libros de esta colección que prestan atención a cosas tangibles (pensemos en *El chocolate*, por ejemplo), la economía circular hace referencia a un concepto y, por tanto, es algo más teórico, no pretendemos que este libro sea un "ladrillo difícil de digerir", sino que el lector o la lectora disfrute con su lectura a la vez que aprende.

CAPÍTULO 1

Entender la economía circular

En este capítulo se explica qué es la economía circular, cómo se mide y cuáles son sus beneficios. Además, se aportan detalles de la Plataforma Temática Interdisciplinar de Sostenibilidad y Economía Circular del CSIC (PTI SosEcoCir), que tiene como misión contribuir a favorecer el desarrollo sostenible, compatibilizando el crecimiento industrial y socioeconómico del territorio con la conservación de sus recursos naturales.

¿Qué es la economía circular?

Definición y antecedentes de la economía circular

En contraste con el modelo económico lineal tradicional, basado principalmente en el concepto *extraer, producir, usar y tirar*, y que requiere de grandes cantidades de recursos y energía, la economía circular se basa en los principios de reducir los residuos y la contaminación, mantener los productos y materiales en uso durante el mayor tiempo posible y regenerar los sistemas naturales.

Existen muchas definiciones de la economía circular y no hay un consenso sobre cuál es la *mejor*, aunque la más conocida y utilizada es sin duda la de la Fundación Ellen MacArthur, para la que

una economía circular es un sistema industrial restaurador o regenerativo por intención y por diseño. Sustituye el concepto de "caducidad" por el de "restauración", se desplaza hacia el uso de energías renovables, eliminando el uso de químicos tóxicos, que perjudican la reutilización, y el retorno a la biosfera, y busca en su lugar la eliminación de residuos mediante un diseño optimizado de materiales, productos y sistemas y, dentro de estos, modelos de negocios (Fundación Ellen MacArthur, 2014: 3).

Aunque la economía circular ha emergido como un concepto importante en los debates actuales sobre la sostenibilidad, así como en la toma de decisiones tanto en el sector público como a nivel empresarial, no ha surgido de la nada. Por el contrario, se basa en varios enfoques previos. Los orígenes de la misma pueden remontarse a la economía ambiental, la teoría general de sistemas, la ecología industrial, así como a modelos de la economía del producto-servicio, diseño regenerativo, El Paso Natural (The Natural Step), las reglas de la biosfera, el enfoque de la cuna a la cuna y biomímesis[1].

La economía circular y el desarrollo sostenible

Una revisión de la literatura sobre las definiciones de la economía circular sugiere que esta no es un objetivo en sí misma, sino más bien un instrumento para lograr la sostenibilidad de forma amplia (Del Río, 2021) o, si se quiere, como dice el artículo 2 de la Ley de Economía Circular en Castilla-La Mancha: "Un modelo económico que se incluye en el marco del desarrollo sostenible".

---

1. No obstante, el objetivo aquí no es discutir los antecedentes de la economía circular y sus interrelaciones con otros enfoques. Véase Del Río *et al.* (2021) para esta discusión.

El desarrollo sostenible, definido por la Comisión Mundial del Medio Ambiente y Desarrollo como "aquel desarrollo que satisface las necesidades de la generación presente sin comprometer la posibilidad de que las generaciones futuras satisfagan las suyas propias", subraya la necesidad de establecer un equilibrio entre los sistemas económicos, sociales y ecológicos o, alternativamente, entre las dimensiones económica, social y ambiental del sistema económico. Esta idea básica de la sostenibilidad ha tenido una cada vez mayor influencia en las políticas públicas y en las actividades de las empresas, pero se requieren enfoques que la pongan en práctica. Y es aquí donde la economía circular juega un papel fundamental (Del Río, 2021).

Por tanto, la economía circular identifica el funcionamiento básico de un sistema económico ideal que genera bienestar, respetando los principios del desarrollo sostenible en sus tres dimensiones interrelacionadas (ambiental, económica y social) (Munasinghe y McKnealy, 1995).

- *Ambiental*: esta dimensión de la sostenibilidad se refiere a la reducción de la contaminación y a la explotación de los recursos naturales del territorio y el mantenimiento de la resiliencia (capacidad de adaptarse al cambio), integridad y estabilidad del ecosistema.
- *Económica*: esta dimensión se refiere a mejoras en el sistema económico, que incluyen mayores niveles de eficiencia económica, productividad y bienestar de la población en general.
- *Social*: esta dimensión incluye la justicia social, la cohesión social, la inclusión y el respeto por la identidad cultural, entre otros. Incrementar la cantidad y calidad de los empleos (lo que incluye empleos más permanentes), mejorar la cohesión regional y reducir los niveles de pobreza mejorarían la dimensión social de la sostenibilidad.

FIGURA 1
Las tres dimensiones del desarrollo sostenible (DS).

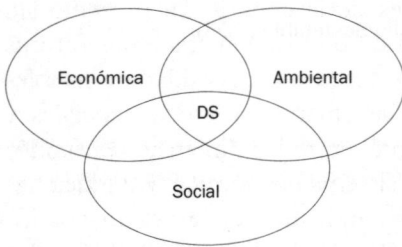

A nivel político internacional, algunas iniciativas ambiciosas han tratado de implementar el desarrollo sostenible a nivel global. En 1992, la Conferencia de las Naciones Unidas para el Medio Ambiente y el Desarrollo adoptó la Agenda 21, un programa de acción para el desarrollo sostenible. Posteriormente, en 2000, las Naciones Unidas aprobaron la Declaración del Milenio, que incluyó los Objetivos de Desarrollo del Milenio (ODM). En 2002, la Cumbre Mundial del Desarrollo Sostenible de Johannesburgo adoptó dos documentos principales: el Plan de Implementación y la Declaración del Desarrollo Sostenible de Johannesburgo.

En 2015, los países miembros de las Naciones Unidas adoptaron los 17 Objetivos de Desarrollo Sostenible (ODS) como parte de la Agenda 2030 para el Desarrollo Sostenible. Esos ODS incluyen desde la eliminación de la pobreza hasta la lucha contra el cambio climático, la educación, la igualdad de la mujer, la defensa del medioambiente o el diseño de nuestras ciudades. Los ODS incluyen 169 metas que los países deben alcanzar en 2030. Todos los países acordaron intentar lograr los ODS a nivel nacional, así como utilizarlos para guiar sus interacciones bilaterales y multilaterales con otros países. En el cuadro 1 se describen brevemente estos objetivos. *A priori*, parece que la economía circular está directamente relacionada con dos ODS (9 y 12) y potencialmente relacionada con muchos otros (ODS 6, 7, 8, 11, 13, 14 y 15).

CUADRO 1

Los 17 Objetivos de Desarrollo Sostenible (ODS).

ODS 1. **Fin de la pobreza**

Para lograr este objetivo, el crecimiento económico debe ser inclusivo, con el fin de crear empleos sostenibles y de promover la igualdad.

ODS 2. **Hambre cero**

El sector alimentario y el sector agrícola ofrecen soluciones claves para el desarrollo y son vitales para la eliminación del hambre y la pobreza.

ODS 3. **Salud y bienestar**

Para lograr los ODS, es fundamental garantizar una vida saludable y promover el bienestar universal.

ODS 4. **Educación de calidad**

La educación es la base para mejorar nuestra vida y el desarrollo sostenible.

ODS 5. **Igualdad de género**

La igualdad entre los géneros no es solo un derecho humano fundamental, sino la base necesaria para conseguir un mundo pacífico, próspero y sostenible.

ODS 6. **Agua limpia y saneamiento**

El agua libre de impurezas y accesible para todos es parte esencial del mundo en que queremos vivir.

ODS 7. **Energía asequible y no contaminante**

La energía es central para casi todos los grandes desafíos y oportunidades a los que se enfrenta el mundo en la actualidad.

ODS 8. **Trabajo decente y crecimiento económico**

Debemos reflexionar sobre este progreso lento y desigual, y revisar nuestras políticas económicas y sociales destinadas a erradicar la pobreza.

ODS 9. **Industria, innovación e infraestructuras**

Las inversiones en infraestructura son fundamentales para lograr un desarrollo sostenible.

ODS 10. **Reducción de las desigualdades**

Reducir la desigualdad en y entre los países.

ODS 11. Ciudades y comunidades sostenibles
Las inversiones en infraestructura son cruciales para lograr el desarrollo sostenible.

ODS 12. Producción y consumo responsables
El objetivo del consumo y la producción sostenibles es hacer más y mejores cosas con menos recursos.

ODS 13. Acción por el clima
El cambio climático es un reto global que no respeta las fronteras nacionales.

ODS 14. Vida submarina
Conservar y utilizar en forma sostenible los océanos, los mares y los recursos marinos para el desarrollo sostenible.

ODS 15. Vida de ecosistemas terrestres
Gestionar sosteniblemente los bosques, luchar contra la desertificación, detener e invertir la degradación de las tierras y detener la pérdida de biodiversidad.

ODS 16. Paz, justicia e instituciones sólidas
Acceso universal a la justicia y la construcción de instituciones responsables y eficaces a todos los niveles.

ODS 17. Alianzas para lograr los objetivos
Revitalizar la Alianza Mundial para el Desarrollo Sostenible.

FUENTE: NACIONES UNIDAS (HTTPS://WWW.UN.ORG/SUSTAINABLEDEVELOPMENT/ES/).

La perspectiva sistémica. Niveles macro, meso y micro

La economía circular es un concepto que tiene varias dimensiones y se puede aplicar a diferentes niveles, es decir, es multidimensional y multinivel. El análisis de la economía circular en un determinado lugar se ha enfocado desde dos perspectivas diferentes: la perspectiva sistémica y la jerárquica (o marco de las prácticas R o, simplemente, R). La perspectiva sistémica presta atención a los diferentes niveles en los que la circularidad puede tener lugar (macro, meso y micro), mientras que la perspectiva jerárquica busca identificar las mejores prácticas en cada nivel. Ambas deberían combinarse en los análisis de las prácticas circulares que se lleven a cabo. Para implementar las soluciones o prácticas circulares en cada nivel puede necesitarse la participación de diferentes tipos de actores económicos y sociales (empresas, ciudadanos, consumidores, Gobiernos, ONG…).

El más elevado es el nivel macro. En una situación ideal, una economía circular de los flujos físicos de materiales y energía reduciría la necesidad de materias primas vírgenes para el sistema, así como los residuos y las emisiones generadas por el sistema (Korhonen *et al.*, 2018). No obstante, esta concepción de un sistema único circular no es realista, al menos no a corto plazo. "Los proyectos de economía circular que se han implementado y que se implementarán a corto plazo serán, como mucho, siempre locales o regionales pues no existe un organismo global de gobernanza" (ibíd.: 42). La dificultad de lograr la ambiciosa *circularidad completa* lleva a algunos a proponer el objetivo de la semicircularidad, es decir, no necesariamente un 100% de reutilización/reciclaje en un determinado horizonte temporal, pues resulta complicado implantar una estructura de incentivos permanente para asegurar que todas las decisiones de consumidores, productores e inversores estén alineadas con la circularidad completa (Van den Berg, 2020).

A este nivel, y desde un punto de vista de toma de decisiones de política pública, se suele poner énfasis en la minimización de los flujos de energía y materiales. La perspectiva académica pone el foco de atención en la analogía biológica aplicada al sistema industrial entero. Según dicha analogía, los residuos de un proceso son los insumos de otros procesos y, por tanto, no hay residuos como tal.

El nivel meso presta especial atención a la colaboración entre empresas, que se ve facilitada por la proximidad geográfica. Los denominados parques ecoindustriales forman parte de este nivel. Se definen como "una comunidad de empresas manufactureras y de servicios ubicadas juntas en una propiedad común. Las empresas que los forman buscan mejorar el desempeño ambiental, económico y social a través de la colaboración en la gestión de asuntos ambientales y de recursos" (Lowe, 2001). En los parques ecoindustriales, las empresas cooperan entre sí y con la comunidad local, con el objetivo de utilizar los residuos o desechos de un proceso de una empresa del parque como insumo (recurso) en el proceso de producción de otra empresa o para suministrar calor al municipio más cercano, que puede utilizarse para calentar las casas. Esto contribuye a reducir los costes o a incrementar los ingresos de esas empresas, a la vez que se consiguen mejoras en la calidad ambiental y de vida de los ciudadanos del municipio. El ejemplo más conocido de un parque ecoindustrial es el de Kalundborg (Dinamarca), cuyos orígenes se remontan a los años sesenta del pasado siglo (cuadro 2).

Cuadro 2
El parque ecoindustrial de Kalundborg.

Kalundborg (Dinamarca) es un ejemplo de un ecosistema industrial o simbiosis industrial. Allí se fueron estableciendo, durante 25 años, vínculos entre empresas que intercambiaban materiales y energía. Dichos intercambios se produjeron de forma gradual y espontánea, sin ser diseñados *desde arriba*. La motivación de las empresas, que estaban muy cerca las unas de las otras, fue el obtener un ingreso adicional vendiendo los subproductos de su actividad productiva y minimizar el coste del cumplimiento con regulaciones ambientales cada vez más estrictas.

El ecosistema industrial está formado por cinco componentes principales:

1. Municipio de Kalundborg (20 000 residentes, 3500 hogares).
2. Planta térmica de carbón (Asnaes).
3. Una empresa de biotecnología (Novo Nordisk), que elabora insulina, enzimas y penicilina.
4. Una refinería (de Statoil).
5. Un fabricante de yesos para la construcción (Gyproc).

El calor excedente de la planta térmica calienta los 3500 hogares y una piscifactoría (que pertenece a Asnaes). Los lodos de esta se venden como fertilizante. La planta térmica también envía vapor a Novo Nordisk y Statoil. Instaló un depurador de dióxido de azufre que produce yeso industrial como subproducto y suministra este yeso a Gyproc. Además, vende sus cenizas volantes y su clínker para la construcción de carreteras y la producción de cemento. Por otro lado, Statoil envía gas por tubería a Gyproc y agua de refrigeración a Asnaes, donde se purifica y se utiliza como agua para la alimentación de calderas. Finalmente, Novo Nordisk elabora sus productos a través de la fermentación, basada en cultivos agrícolas que los microorganismos transforman en productos valiosos. Cuando los productos se cosechan, quedan lodos ricos en nutrientes. Novo Nordisk distribuye estos lodos a granjas cercanas, que los utilizan como fertilizante.

FUENTE: EHRENFELD Y GERTLER (2008).

A nivel micro, la atención se sitúa en los modelos circulares implementados por actores individuales. Obviamente, las empresas son actores muy importantes para implantar una economía circular, sin despreciar la relevancia que tienen los consumidores o los ciudadanos en general. Por otro lado, desarrollar o adoptar prácticas circulares permite a las empresas incrementar la eficiencia de los procesos de producción y mostrar sus esfuerzos en pro de la sostenibilidad.

Los niveles micro, meso y macro de la economía circular están estrechamente vinculados entre sí. Cada nivel depende de los otros, y a la vez influye en ellos. Por ejemplo, un sistema industrial completamente circular (nivel macro) se basa en la colaboración entre las empresas que componen el sector (nivel meso), así como de los productos, servicios, modelos de negocio, etc., concretos de estas empresas (nivel micro). Y viceversa. Por ejemplo, nuevos productos, servicios o modelos de negocio (nivel micro) pueden dar lugar a colaboraciones más estrechas entre empresas (nivel meso), aumentando así la circularidad del sector económico. Es importante considerar los tres niveles como parte de un todo.

FIGURA 2
**Los niveles de la economía circular
y algunos ejemplos.**

NIVEL MACRO
• Sociedad y economía global
• Flujos de energía y materiales

NIVEL MESO
• Parques ecoindustriales,
  regiones, ciudades
• Colaboración entre empresas

NIVEL MICRO
• Productos, servicios,
  modelos de negocio
• Procesos en empresas
• Empresas y
  consumidores

FUENTE: ELABORACIÓN PROPIA.

La perspectiva jerárquica o de cierre de ciclos: las 10 R de prácticas circulares

Como se ha mencionado previamente, un rasgo distintivo principal de la perspectiva jerárquica del concepto de economía circular es la retención de valor, es decir, mantener los recursos en la economía, reteniendo el valor de los mismos en los productos durante el mayor tiempo posible (Smol, Kulczycka y Avdiushchenko, 2017). Al usar repetidamente esos recursos (tanto materiales como energía), se consigue cerrar los círculos, retrasando o reduciendo la formación de residuos.

El núcleo de la economía circular, en términos prácticos, se refiere a las actividades de economía circular (o prácticas R). Estas pueden ser las clásicas 3R (reducir, reutilizar y reciclar), que es la más común de las jerarquías utilizadas —35-40% de las definiciones de la economía circular— (Kirchherr, Reike y Hekkert, 2017). Sin embargo, varios autores distinguen más R, llegando incluso a 10 de ellas. Por ejemplo, Potting *et al.* (2017) distinguen entre R0 (*rechazar o evitar*), R1 (*repensar*), R2 (*reducir*), R3 (*reutilizar*), R4 (*reparar*), R5 (*renovar*), R6 (*remanufacturar*), R7 (*readaptar*), R8 (*reciclar*) y R9 (*recuperar*). Conjuntamente, estas R fomentan un sistema de ciclos cerrados que minimiza el impacto ambiental y promueve la eficiencia de los recursos, dando lugar a un sistema de producción y consumo más sostenible. En la tabla 1 se definen las distintas R (Potting *et al.*, 2017).

TABLA 1
Definición y ejemplos de las prácticas R.

R	DEFINICIÓN	EJEMPLO EMPRESAS	EJEMPLO CONSUMIDORES
R0	*Rechazar*, que consiste en comprar menos o usar menos, así como evitar el uso de materiales vírgenes en la producción.	Eliminar embalajes de un solo uso en la cadena de suministro mediante el uso de soluciones retornables o a granel.	Eliminar embalajes de un solo uso en la cadena de suministro mediante el uso de soluciones reutilizables (como las bolsas de tela), retornables (como las botellas de cristal) o a granel.
R1	*Repensar*, que se refiere a hacer un uso más intensivo del producto, compartiendo el mismo o poniendo productos multifuncionales en el mercado.	Diseñar productos modulares que permitan reemplazar piezas específicas en lugar de desechar todo el producto.	Diseñar productos modulares que permitan reemplazar piezas específicas (como las baterías) en lugar de desechar todo el producto.
R2	*Reducir*, que supone incrementar la eficiencia en la producción o uso del bien, consumiendo menos recursos naturales, materiales y energía.	Optimizar procesos de fabricación para disminuir el consumo de energía o materias primas, como aplicar manufactura aditiva en lugar de mecanizado tradicional.	Reducir el consumo intensivo en recursos (como las cápsulas de café, las bombillas incandescentes tradicionales o el uso del coche particular).
R3	*Reutilizar* por otro consumidor productos desechados que se encuentran todavía en una buena condición y cumplen con su función original.	Implementar un sistema de recogida de envases usados para su limpieza y reutilización, como botellas retornables.	Reutilizar productos después de su uso original (como la ropa de segunda mano), tanto si es a través de la compraventa en tiendas o plataformas digitales como regalando o donando.
R4	*Reparar* un producto defectuoso, de forma que pueda utilizarse para su función original.	Ofrecer servicios de reparación de equipos electrónicos en lugar de incentivar la compra de nuevos.	Ofrecer y utilizar servicios de reparación en lugar de comprar productos nuevos.
R5	*Renovar*, que se refiere a restaurar un producto antiguo y actualizarlo, es decir, sustituir o reparar ciertos componentes antiguos o deteriorados de un producto, pero manteniendo la estructura del mismo.	Actualizar maquinaria industrial con nuevas piezas electrónicas para extender su vida útil, cumpliendo estándares actuales.	Renovar o restaurar productos antiguos (como los muebles) para mantener su calidad y para aumentar el atractivo visual.

R	DEFINICIÓN	EJEMPLO EMPRESAS	EJEMPLO CONSUMIDORES
R6	*Remanufacturar* o utilizar partes de un producto desechado en un producto nuevo con la misma función.	Recuperar piezas de automóviles al final de su vida útil para desmontarlas y ensamblarlas en productos equivalentes nuevos.	Comprar productos remanufacturados o "reacondicionados" o entregar productos al final de su vida útil para su reacondicionamiento.
R7	*Readaptar* o utilizar partes de un producto desechado en un producto nuevo con una función diferente a la original.	Convertir productos textiles de desecho en materiales aislantes para construcción.	Convertir la ropa antigua destrozada en trapos de limpieza.
R8	*Reciclar* materiales de proceso para obtener una calidad similar o inferior.	Recoger y reprocesar plásticos para fabricar nuevos envases o productos.	Separar la basura correctamente en los contenedores que ofrece el municipio.
R9	*Recuperar*, incineración de materiales con recuperación de energía.	Usar desechos orgánicos para generar compost o biogás.	Compostar los desechos biológicos.

FUENTE: ELABORACIÓN PROPIA.

Estas R están estrechamente conectadas. Por ejemplo, la reutilización amplía la vida de los productos y materiales, lo que retrasa su entrada en el proceso de reciclaje. El reciclaje transforma los residuos en recursos, lo que reduce la necesidad de nuevos materiales.

La identificación de una jerarquía de prácticas R ha dado lugar a que los investigadores se centren en aquellas que maximizan el grado de circularidad, en la búsqueda de la circularidad completa. Esto provoca que, en principio, sea mejor adoptar la práctica R0 que la R1, esta mejor que la R2 y así sucesivamente en términos de circularidad. La incineración de materiales con recuperación de energía (práctica R9) debería ser la última opción a plantearse (figura 3).

FIGURA 3
Las 10 R en orden de prioridad descendente.

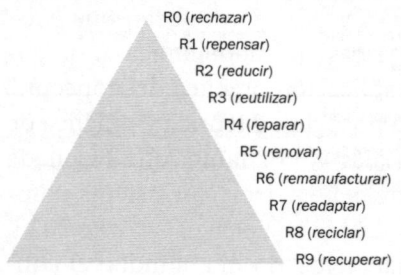

RO (rechazar)
R1 (repensar)
R2 (reducir)
R3 (reutilizar)
R4 (reparar)
R5 (renovar)
R6 (remanufacturar)
R7 (readaptar)
R8 (reciclar)
R9 (recuperar)

FUENTE: ELABORACIÓN PROPIA BASADA EN POTTING ET AL. (2017).

Las alabanzas y críticas al concepto de la economía circular

El concepto de economía circular es muy popular para los decisores públicos y ha recibido mucha atención por parte de los Gobiernos y la comunidad empresarial (Del Río et al., 2021). Quizás la principal ventaja del concepto de economía circular es que trata de ser *holístico y sistémico*, es decir, tiene en cuenta la complejidad de los procesos de producción y consumo, superando la visión lineal de los mismos para lograr cerrar ciclos. Esta es una buena base para facilitar la toma de decisiones que tenga en cuenta los diferentes aspectos (económico, social y ambiental) que contribuyen al bienestar a corto, medio y largo plazo.

Sin embargo, como muestra la revisión realizada en Del Río et al. (2021), el concepto ha recibido también algunas críticas, que ponen el énfasis en tres aspectos. En primer lugar, varios autores expresan que no existe una clara definición de la economía circular y, por tanto, que esta puede significar diferentes cosas para diferentes actores. Critican la solidez científica del concepto, que consideran débil y con un significado vago y difuso (véase Del Río, 2021, para una discusión de esas críticas). En segundo lugar, suele mencionarse que la economía circular es solo un concepto *paraguas*, que incorpora otros conceptos ya existentes sin desarrollar un contenido nuevo. Finalmente, algunos critican que los actores económicos, decisores públicos e investigadores no comprenden bien el concepto.

Además, algunos autores (Skene, 2022; Sharma et al., 2020; Kirchherr, Reike y Hekkert, 2017) destacan que existen desafíos y limitaciones físicas (termodinámicas), de gobernanza y de gestión en la aplicación práctica del concepto. En particular, se cuestiona la posibilidad teórica y práctica de cerrar los círculos de materiales y, por tanto, que se pueda alcanzar la circularidad completa, es decir, un sistema completamente cerrado. Otros autores (Valencia et al., 2023; Geissdoerfer et al., 2017) han criticado que aunque el concepto debería incluir y mantener un equilibrio entre las tres dimensiones de la sostenibilidad, intentando contribuir a todas ellas, la literatura ha puesto demasiado énfasis en la dimensión ambiental o en la económica, dejando relegada la dimensión social a un segundo plano. Una crítica importante en este sentido es que, en la relación de la economía circular con el desarrollo sostenible, se ha confundido cuál debe ser el objetivo y cuál el instrumento. Como se ha mencionado antes (Del Río, 2021), al ser general e incluir diferentes aspectos (dimensiones), el objetivo debería ser el desarrollo sostenible (o incluso, el bienestar en sentido aún más amplio) y la economía circular permitiría avanzar hacia ese objetivo a través de la adopción de las diferentes prácticas R. Sin embargo, con frecuencia se olvida esta distinción, convirtiendo la economía circular en el objetivo absoluto a seguir.

Está claro que, desde un punto de vista científico, el concepto no es perfecto. Quizás porque, a pesar de todas las contribuciones sobre el mismo, está todavía en fase de mejora al ser relativamente reciente, aunque construido sobre otros enfoques y conceptos mucho más antiguos. El hecho de que se base en esos otros enfoques (no es nuevo) tampoco debe ser algo que necesariamente lo invalide, pues puede defenderse que la economía circular ha sabido integrar el conocimiento y perspectivas de esos otros enfoques. Su utilidad práctica tampoco parece cuestionable, pues la realidad muestra que lo aplican tanto Gobiernos como empresas. Unos y otras han llevado acciones muy relevantes en pro de la circularidad (regulaciones y adopción de prácticas R, fundamentalmente), alcanzándose ya importantes beneficios económicos, ambientales y sociales, y contribuyendo así al desarrollo sostenible[2].

La circularidad completa puede ser un objetivo final ideal a largo plazo, algo más parecido a una visión, aunque poco viable a corto plazo. Quizás debamos ser más realistas y plantear mejoras sustanciales hacia la semicircularidad, aunque eso

---

2. Puede consultarse más adelante el apartado "¿Cuáles son los beneficios de la economía circular para la sociedad en general?".

no signifique que se logre la circularidad completa. Sin embargo, hay que tener mucho cuidado con este enfoque semicircular, pues puede reducir los esfuerzos de las empresas, los consumidores y los Gobiernos para alcanzar una circularidad de niveles altos y conformarse con la circularidad de niveles más bajos, que son más fáciles de conseguir pero que contribuyen menos al desarrollo sostenible.

Algunos malentendidos sobre la economía circular

Una idea equivocada que a menudo se tiene es que la economía circular es solo reciclaje. Aunque, obviamente, el reciclaje es un componente crucial de la misma (una de las R mencionadas anteriormente), la economía circular incluye un amplio conjunto de prácticas, tales como reducir el uso de recursos o extender la vida de los productos a través de su reutilización o renovación. En este sentido, no solo trata de gestionar mejor los residuos, sino que intenta repensar y rediseñar todo el ciclo de vida de los productos.

Otro malentendido es la creencia de que supone pérdidas económicas para las empresas. Es cierto que la transición hacia la economía circular da lugar, a menudo, a inversiones o costes iniciales de modificación de procesos o productos y, en ocasiones, a un cambio en los modelos de negocio. Esas inversiones pueden ser cuantiosas. Pero la propia economía circular puede generar considerables ahorros de costes y nuevas oportunidades de negocio que, a largo plazo, pueden compensar aquellos altos costes iniciales, como se detalla en el siguiente apartado.

En la década de los años noventa, Michael Porter propuso que las empresas no solo innovan por iniciativa propia, sino que también introducen mejoras o innovaciones ambientales, como aquellas orientadas a la economía circular, cuando la regulación las impulsa a hacerlo (hipótesis Porter). En estos casos, además de contribuir al medioambiente, las empresas pueden obtener beneficios económicos; en algunos casos, y si la regulación ambiental está bien diseñada, estos beneficios pueden superar los costos iniciales de inversión. Desde entonces, numerosos estudios han confirmado estas hipótesis, destacando la compatibilidad de obtener beneficios económicos y ecológicos a la vez. Finalmente, algunos presuponen que la economía circular elimina la necesidad de materias primas. Aunque, obviamente, esta reduce considerablemente la demanda de nuevos recursos, seguirá siendo necesario extraer cierta cantidad de materias primas. El objetivo es minimizar esta necesidad en la medida de lo posible a través de un eficiente uso y reutilización de los materiales (Heinrich Böll Stiftung, 2024).

¿Cómo se mide la economía circular?

Ya se ha mencionado que la economía circular describe un futuro sistema económico y social ideal. Se necesita una transición desde la actual economía lineal a este nuevo sistema. Muchos países y empresas reconocen esta necesidad para el cambio. En algunos casos, como el de la Unión Europea, se realizan importantes esfuerzos para llegar a una economía cada vez más circular; no obstante, como en cualquier transición, es necesario medir el progreso. Esto permite conocer si el cambio va bien o si hace falta ajustar las medidas (por ejemplo, incrementar los esfuerzos). Por último, también debe medirse la eficacia y eficiencia de esas medidas o, en otras palabras, evaluar si el dinero (público) se ha gastado adecuadamente.

Sin embargo, ¿cómo se mide algo tan abstracto como cerrar círculos o la transición a un nuevo sistema? La respuesta corta es que no es nada fácil; la respuesta larga es más compleja.

Un *clásico* para medir el progreso económico que los países utilizan es el producto interior bruto (PIB). Es un indicador sencillo que resume en una única cifra este progreso económico: si aumenta la actividad del conjunto de las empresas y consumidores en un país (es decir, si se produce y se consume más), mejora el indicador, y viceversa. Sin embargo, el PIB es completamente *ciego* al tipo de actividades económicas que dan lugar a su crecimiento. No aporta información sobre aspectos de sostenibilidad o sociales de las actividades económicas que mide; por lo tanto, no puede informar sobre la transición hacia la economía circular.

Existen otros indicadores mediante los cuales los países sí recogen información específica de la circularidad de la economía. Por ejemplo, las tasas de reciclaje de diferentes materiales como el papel, vidrio o plásticos o las tasas de envío a vertederos. También se calculan estas tasas para productos como electrodomésticos, aparatos electrónicos o baterías, que son especialmente relevantes conocer para hacer un seguimiento de los denominados materiales críticos, como las tierras raras que contienen. Estos son materiales muy poco frecuentes en la naturaleza y, en muchos casos, se importan en su totalidad desde otros países (principalmente de China). Son caros e interesa mantenerlos en el sistema económico durante el mayor tiempo posible (por ejemplo, a través del reciclaje). Estos indicadores sí se relacionan explícitamente con la economía circular. Aun así, solo se centran en uno de los aspectos (el reciclaje) y no en las otras 9 prácticas R. Por tanto, no aportan una visión global y, por sí solos, no pueden ser representativos para medir el avance hacia la economía circular.

Aparte de los Gobiernos, las empresas también utilizan indicadores para medir la circularidad de sus productos o procesos. Como consumidores, muchas veces observamos que se anuncian "envases reciclables" (que no es lo mismo que reciclados) en botellas o envases de plástico. Asimismo, existe un cierto *boom* de afirmaciones como "hecho de plástico recogido desde los océanos" o "hecho a base de materiales reciclados", lo que corresponde también con los procesos de reciclaje de la economía circular. En otras ocasiones, las empresas hacen hincapié en la eficiencia de sus productos, por ejemplo, la eficiencia energética y la correspondiente reducción de consumo de electricidad. Existen nuevas plataformas digitales de compraventa de productos de segunda mano (reutilizar) y tiendas físicas y talleres donde podemos reparar nuestros productos. A veces, al comprar productos nuevos, las empresas nos ofrecen descuentos al entregar los antiguos. Estos se remanufacturan o se recuperan los materiales valiosos que contienen.

En todos esos casos se contribuye a la economía circular de alguna manera. Por lo menos, en la teoría, porque el gran problema con estas afirmaciones (publicitarias) es que no existe ningún estándar reconocido para medir sus efectos deseados y, como consecuencia, no existe la posibilidad de verificarlas o controlarlas. Podría producirse el efecto *greenwashing* (blanqueo ecológico o ecoimpostura) por parte de las empresas. Este consiste en exagerar la contribución de las prácticas sostenibles o circulares con el fin de generar una imagen empresarial positiva y verde en lugar de informar neutralmente sobre los hechos. Por tanto, estos indicadores empresariales tampoco son adecuados para medir el progreso hacia la economía circular. La Unión Europea ha reconocido el problema del *greenwashing* y de algunos de los indicadores empresariales relacionados con la economía circular. Ha aprobado recientemente una regulación en este ámbito (la Directiva 2024/825), que se refiere "al empoderamiento de los consumidores para la transición ecológica mediante una mejor protección contra las prácticas desleales y mediante una mejor información". Los Estados miembros aplicarán las disposiciones necesarias para cumplir lo establecido en esta Directiva a partir del 27 de septiembre de 2026.

De todos los indicadores existentes mencionados, destaca la ausencia de medidas adecuadas de la dimensión social de la economía circular. Por ejemplo, no existen mediciones sobre la cantidad y calidad del empleo generado ni sobre el bienestar general o los efectos positivos sobre la salud humana causados por un modelo económico (más) circular. Del mismo modo, no existen indicadores que nos puedan informar sobre lo *justa* que es esta transición a la economía circular ni sobre sus efectos distributivos. En resumen, los indicadores tradicionales establecidos son altamente *ciegos* en cuanto a aspectos específicos de la economía circular, y algunos de los indicadores utilizados por las empresas son imprecisos, no transferibles o comparables y, por lo tanto, a veces poco fiables. Por ello, surge la necesidad de establecer nuevos indicadores de economía circular. En marzo de 2021 se publicó la Declaración de Bellagio (World Resources Forum, 2024), que establece una serie de principios y directrices para medirla. Entre ellos, destacan los relativos a la necesidad de una monitorización holística e integrada de *todos los aspectos relevantes* de la economía circular, de establecer grupos de indicadores robustos, de basarse en una amplia variedad de fuentes de datos y de medir el progreso que se produce en los distintos niveles (macro, meso, micro) de ella.

En línea con estos principios, la Comisión Europea lanzó en 2020 su Plan de Acción de Economía Circular[3]. Una de las iniciativas que contiene el plan es la elaboración de un marco de monitorización para medir tanto el nivel de circularidad de la producción y del consumo como el progreso de la economía y la sociedad en su conjunto hacia la economía circular. Este marco de monitorización consiste en 27 indicadores individuales agrupados en 6 ámbitos temáticos: consumo de materias primas y materiales, generación de residuos, reciclaje, uso de material reciclado, competitividad e innovación, y sostenibilidad y resiliencia.

En la última actualización del marco, la Comisión Europea ha incluido cinco nuevos indicadores para medir específicamente distintos aspectos ambientales y de circularidad de los procesos de producción y consumo europeos:

1. La huella material del consumo final.
2. La productividad de los recursos materiales.
3. La huella del consumo sobre los límites planetarios en los sectores de alimentación, movilidad, vivienda, enseres domésticos y aparatos electrónicos.

---

3. Véase el apartado "¿Qué pueden hacer los Gobiernos para promover la economía circular? ¿Qué se está haciendo?" para más información.

4. Las emisiones de gases de efecto invernadero.
5. La dependencia de materiales importados (de fuera de la UE).

Los datos para los indicadores provienen mayoritariamente de Eurostat, la oficina de estadística oficial de la Unión Europea, que los recoge de manera sistemática para todos los países de la Unión Europea. Individualmente, los indicadores informan sobre algún aspecto específico de la economía circular y, en su conjunto, indican la situación global en la Unión.

Este marco de monitorización está diseñado para ser mejorado y completado a lo largo del tiempo. También se espera que sea útil para realizar un seguimiento de los programas del Pacto Verde Europeo, el VIII Programa de Acción en materia de Medio Ambiente, la Agenda 2030 y los subprogramas de estos. Basado en dicho marco y en el conjunto de indicadores, la figura incluye un diagrama de Sankey que permite visualizar los flujos de materiales en la Unión Europea[4]. Los diagramas de Sankey son un tipo de gráfico de flujo que representa la transferencia de cantidades (como energía, dinero o materiales) entre diferentes categorías. Se usan flechas proporcionales al tamaño del flujo, lo que facilita visualizar cómo se distribuyen y transforman los recursos en un sistema.

El diagrama muestra que los flujos materiales de la economía y sociedad europeas son aún predominantemente lineales: se extraen de la naturaleza europea aproximadamente el 66% de todas las materias primas utilizadas, principalmente minerales no metálicos y biomasa; un 21% se importan de terceros países, sobre todo materiales y energías fósiles, y tan solo un 13% procede de flujos circulares, principalmente del reciclaje.

---

4. A través del siguiente código QR puede visualizarse el diagrama de Sankey de flujos de materiales en la Unión Europea (gigatoneladas, 2022).

Además, los indicadores demuestran que esta situación no lineal no ha mejorado mucho en los últimos años. Los datos están disponibles desde 2010, cuando el porcentaje de reciclaje sobre el uso total de materias primas en Europa fue del 11%. Es decir, en 14 años, el reciclaje se ha incrementado en tan solo dos puntos porcentuales.

Al igual que la Unión Europea, China también tiene un sistema de indicadores para el seguimiento de sus programas estratégicos de transición sostenible y circular, es decir, para medir la circularidad de su economía. En el sistema chino, los indicadores se agrupan en las siguientes categorías:

- Productividad de los recursos.
- Tasa de consumo de los recursos.
- Utilización integrada de los recursos.
- Reducción de la tasa de desechos físicos/de recursos.
- Reducción del uso y aumento del reciclaje de materiales.
- Desarrollo económico.
- Control de la contaminación.
- Perspectivas de administración y gestión empresarial.

Existen diferencias muy pronunciadas entre los indicadores europeos y chinos. Mientras que los europeos son más holísticos, es decir, intentan medir muchos aspectos económicos y sociales de la circularidad, los indicadores chinos están más enfocados en la gestión eficiente de los recursos naturales, así como en la reducción de residuos y emisiones. Por tanto, el enfoque chino es bastante más restrictivo, pero a la vez más operativo para las empresas.

A nivel mundial, la Fundación Circle Economy utiliza un sistema de indicadores de flujos de materiales y energía parecido al de la Comisión Europea (Fundación Circle Economy, 2023). Calcula ratios entre los recursos, materiales y energía que provienen del medioambiente directa o indirectamente, y aquellos que se recirculan en la economía a través de las diferentes prácticas circulares R. A diferencia de la Comisión Europea, Circle Economy sí calcula un único indicador agregado basado en todos los indicadores individuales. En 2023, cuantificaba el índice de circularidad mundial en un 7,2%; es decir, tan solo el 7,2% de todos los materiales utilizados a nivel mundial procede de un proceso de producción y consumo previo y circular, y el resto (92,8%) son recursos naturales del medioambiente (ibíd.).

Además, Circle Economy constata que los recursos, materiales y energía procedentes del medioambiente utilizados en el periodo 2017-2023 equivalen en cantidad a los utilizados durante todo el siglo XX. Es evidente que queda mucho trabajo por delante en la transición hacia la circularidad[5].

Algunas de las críticas mencionadas al principio de este capítulo se aplican también al marco de monitorización de la economía circular de la Comisión Europea, a los indicadores chinos y al indicador agregado de Circle Economy. Por ejemplo, todos ellos se centran principalmente en la dimensión económica, dejando en un segundo plano la dimensión ecológica y aún más la social. Asimismo, en cuanto a la circularidad, ponen el énfasis en el reciclaje y no reflejan adecuadamente las otras posibles prácticas circulares. Pero, por otro lado, es justo reconocer que el marco de monitorización y el indicador agregado también suponen un avance considerable con respecto a otros indicadores previos pues, al tratarse de un conjunto de indicadores, reflejan mejor la multidimensionalidad y complejidad de la economía circular.

La investigación científica ha desarrollado conjuntos de indicadores, métricas y procesos de medición de numerosos aspectos de circularidad y de la transición hacia la economía circular[6]. Es importante que los nuevos conjuntos de indicadores recojan tanto información sobre las tres dimensiones (económica, ecológica y social) de la sostenibilidad y la economía

---

5. En el capítulo 4 se aportan más detalles sobre el progreso hacia dicha transición circular.
6. Por ejemplo, Moraga *et al.* (2019) proponen 20 indicadores; Kristensen y Mosgaard (2020) proponen 30; Parchomenko *et al.* (2019), 63 indicadores, y García-Saravia y Van der Meer (2022), más de 400.

circular como sobre los distintos niveles (macro, meso y micro) de esta última. El nivel meso y, sobre todo, el nivel micro son especialmente relevantes porque *conectan* los esfuerzos de cerrar los círculos en economías y sociedades (un esfuerzo bastante *abstracto*) a contextos más cercanos a las empresas y consumidores. En esos niveles, el comportamiento de estos actores es decisivo para desarrollar o adoptar innovaciones que permitan cerrar los círculos y avanzar hacia la circularidad. La transición hacia la economía circular (que es un objetivo macro) se basa fundamentalmente en los niveles meso y micro.

Quizás la colección más exhaustiva de indicadores sea la de García-Saravia y Van der Meer (2022). Estos autores consideran más de 400 indicadores con información sobre todas las dimensiones y en todos los niveles de la economía circular que permiten identificar claramente dónde se produce un avance adecuado hacia la circularidad y dónde no, lo que facilita la intervención adicional por parte de los responsables políticos, si hiciera falta. Por otro lado, trabajar con un número tan elevado de indicadores puede ser demasiado complejo, particularmente en empresas pequeñas y medianas (pymes).

Los indicadores se clasifican en dos grupos principales: los procesos circulares y los impactos circulares. Los primeros tienen como objetivo principal mantener el valor de los recursos naturales durante el mayor tiempo posible, y se refieren a las prácticas R anteriormente mencionadas en este libro. Cada uno de estos procesos tiene una serie de indicadores. Por su parte, los impactos se dividen en las tres dimensiones de la sostenibilidad y la economía circular (económica, ambiental y social) y en áreas temáticas (por ejemplo, la dimensión social incluye las áreas temáticas de empleos, consumidores y comunidades/agentes sociales). A su vez, cada área temática tiene diferentes indicadores.

A diferencia de los indicadores de la Comisión Europea, de China o mundiales de Circle Economy, García-Saravia y Van der Meer (2022) incluyen explícitamente aspectos ecológicos importantes como son la circularidad del agua, el uso de la tierra o el impacto de las actividades de producción y consumo en el medioambiente, considerando su capacidad de regeneración. Asimismo, se incluyen expresamente aspectos sociales como el trabajo (cantidad y calidad del *trabajo circular* generado, la educación y formación necesaria correspondiente), los consumidores (sus decisiones y su comportamiento), así como la participación activa de la sociedad en su conjunto en decisiones políticas y sociales relacionadas con la transición (ibíd.).

En general, los indicadores de la circularidad deberían cumplir con algunas condiciones: deben ser viables, pero también recoger la información necesaria para realizar un diagnóstico apropiado de la circularidad de la economía. Por ejemplo, la Comisión Europea menciona que los indicadores utilizados deberían cumplir siempre con los criterios RACER[7]:

- Relevantes.
- Aceptables.
- Creíbles.
- Fáciles de recoger y gestionar (*easy*).
- Robustos.

No menos importante es que los consumidores también seamos capaces de *medir* la circularidad de nuestro consumo y comportamiento. En este sentido, la Fundación Ellen MacArthur[8] propone algunas pautas en este sentido:

- Consumir productos basados en materiales biológicos de fuentes sostenibles.
- Consumir productos basados en materias primas reutilizadas o recicladas.
- Mantener los productos en uso durante más tiempo (por ejemplo, reparándolos cuando se rompan en vez de tirarlos).

---

7. Véase https://n9.cl/hfvwg.
8. Fundación Ellen MacArthur iniciativa "Cyrculytics" en https://n9.cl/xc8d4.

- Hacer un uso más intensivo de los productos (por ejemplo, mediante modelos de uso compartido).
- Reutilizar los componentes de los productos cuando se rompan si es posible, reciclando el resto correctamente.
- Garantizar que los materiales (sobre todo los biológicos) no se contaminen o se mezclen con otros tipos de materiales, lo que dificulta la recirculación.

Como puede observarse, medir la economía circular no resulta una tarea fácil, pero sí posible. Para ello, hace falta identificar y cuantificar los múltiples aspectos de la circularidad en sus tres dimensiones y en sus diferentes niveles. Es necesario medir la economía circular porque, como dice el dicho, "solo lo que se mide se puede mejorar".

¿Cuáles son los beneficios de la economía circular para la sociedad en general?

Frente a un modelo económico basado en el uso lineal de los recursos, implementar un modelo económico circular puede dar lugar a varios beneficios que se relacionan con las tres dimensiones fundamentales de la sostenibilidad, es decir, pueden ser beneficios económicos, ambientales y sociales.

Beneficios económicos

Beneficios macroeconómicos (generales). Los beneficios de la economía circular, tanto económicos como ambientales y sociales, surgen de la mayor eficiencia o productividad de los recursos que la economía circular genera, del hecho de que los recursos permanecen en el sistema económico por más tiempo, es decir, tardan más en abandonar el sistema económico como residuos. Desde el punto de vista de toda la economía, el uso más productivo de los recursos redunda en una mayor competitividad del sistema económico y da lugar a beneficios en términos de empleo, innovación y reducción de costes.

Según el Programa de las Naciones Unidas para el Desarrollo (PNUD), estamos usando más recursos naturales del planeta de los que hay disponibles. Hemos consumido tres veces más recursos naturales en los últimos 50 años que durante el resto de la existencia de la humanidad (Krausmann *et al.*, 2009). En las dos últimas décadas, el consumo de materiales ha aumentado más de un 65%, alcanzando los 95 100 millones de toneladas métricas en 2019. Si las tendencias actuales siguen su curso, necesitaríamos tres planetas para el año 2050 (PNUD, 2023). Para volver a niveles de consumo considerados seguros, necesitaríamos reducir en un tercio la extracción de materiales y el consumo a nivel mundial (Fundación Circle Economy, 2023).

En contraste con el modelo lineal, la economía circular puede reducir considerablemente la necesidad de materiales. El informe del Programa de las Naciones Unidas para el Medio Ambiente (PNUMA) muestra que la economía circular podría reducir entre un 80 y un 99% los desechos industriales en diversos sectores y entre un 79 y un 99% las emisiones (PNUMA, 2018). Otro estudio muestra que, en los sectores de productos complejos y con una vida media larga (como las lavadoras), los ahorros netos de materiales en la UE podrían llegar a los 590 billones de euros anuales. La economía circular podría reducir el consumo de materias primas en un 32% para 2030 (Fundación Ellen McArthur, 2024).

Obviamente, esta reducción en el uso de materiales implica también un importante ahorro de costes. Este ahorro potencial de los materiales para productos de consumo rápido (como los de limpieza del hogar) podría alcanzar los 700 billones de dólares a nivel global (Fundación Ellen McArthur, 2024). En otro estudio se señala que la economía circular podría incrementar la productividad de los recursos en Europa en un 3% para 2030, generando ahorros de costes de 600 billones de euros anuales y 1,8 trillones de euros más en otros beneficios económicos (McKinsey, 2017).

Para aquellos países que necesitan importar materias primas, como es el caso de los Estados miembros de la Unión Europea con respecto a los metales estratégicos y materias primas minerales, la economía circular permitiría reducir la dependencia exterior y la exposición a la volatilidad de precios y mejorar la balanza comercial. La UE importa alrededor de la mitad de las materias primas que consume y sigue importando más de lo que exporta. Esto se tradujo en un déficit comercial de 35 500 millones de euros en 2021 (Parlamento Europeo, 2023).

Un estudio que analizaba el impacto conjunto de varias prácticas circulares en varios países europeos mostró que las mejoras en la balanza por cuenta corriente derivada de su adopción serían de alrededor del 1,5% del PIB en todos los países estudiados (Finlandia, Suecia, Países Bajos, España y Francia) (Wijkman and Skånberg, 2015). La razón de esas mejoras se debe a unos menores riesgos asociados al suministro: menor volatilidad de precios, menores riesgos de disponibilidad de los productos y menor dependencia de las importaciones, en particular de materias primas críticas. Algunos beneficios tienen lugar a corto plazo, pero mucho ocurren a largo plazo. Algunos son beneficios directos, otros son más bien indirectos. Obviamente, no todos los países mejorarían su balanza por cuenta corriente en todos los países (no, al menos, en los que exportan materias primas).

Beneficios para las empresas. Muchos de esos beneficios ocurren a nivel de las empresas. La mencionada eficiencia de recursos puede implicar unos menores costes de producción al reducirse el coste de aprovisionamiento de materiales y materias primas, y una mayor eficiencia de los procesos productivos. Además, las nuevas actividades relacionadas con la economía circular pueden generar nuevos mercados, lo que a su vez implicaría nuevas oportunidades de negocios e ingresos. La economía circular dará lugar a nuevos modelos de negocio (pagar por usar, no pagar por tener) y nuevos sectores, lo que abre nuevas oportunidades para las empresas.

La competitividad empresarial mejoraría como consecuencia de unos menores costes, pero también de unos productos que son menos dañinos para el medioambiente. Esto ocurre si esos productos más sostenibles son más atractivos para los consumidores que los productos tradicionales, es decir, si son valorados en el mercado por los consumidores. El consumismo verde (*green consumerism*) es claramente un factor positivo que influye en la economía circular, como se explica en el capítulo 4. Las empresas que siguen prácticas circulares pueden beneficiarse de una mejor interacción con el consumidor, si este percibe una mayor responsabilidad ambiental por parte de estas empresas. Esta mayor satisfacción del cliente puede generar, a su vez, una mayor lealtad o fidelidad del mismo, además de ampliar la base de clientes.

Por otro lado, el hecho de ser menos dependientes de la compra de materias primas, pues las empresas reducen su uso o las reutilizan o reciclan, implica una mayor capacidad de adaptarse a cambios en la oferta de esas materias primas o a variaciones en su precio. Esta mayor resiliencia aumenta su seguridad del suministro y reduce el riesgo para ellas.

Beneficios para los individuos. Los individuos pueden verse beneficiados por la economía circular como consumidores o ciudadanos. Como consumidores, la reducción de costes de los productos mencionada anteriormente puede terminar trasmitiéndose al consumidor, que pagaría menores precios por los productos que adquiere o por los servicios que utiliza. Esto, a su vez, implica una mayor renta disponible, es decir, una mayor cantidad de dinero en su bolsillo. Según un estudio, la renta disponible media de los hogares de la UE se incrementaría en 3000 euros en 2030 (Fundación Ellen McArthur, 2024). Sin embargo, a corto plazo, los costes podrían aumentar (por la adopción de las prácticas R).

Para los individuos como ciudadanos, la economía circular puede dar lugar a beneficios para la salud humana. El cambio a un sistema alimentario circular podría reducir los costes sanitarios globales asociados con el uso de pesticidas en 550 billones de dólares. También habría significativas reducciones en la contaminación atmosférica y acuática, en enfermedades transmitidas por los alimentos y en la resistencia antimicrobiana. Se estima que una economía circular podría salvar en todo el mundo 290 000 vidas en 2050 (Fundación Ellen McArthur, 2024).

Beneficios ambientales

Los beneficios ambientales son de varios tipos y pueden ser sustanciales. La mejora ambiental más obvia tiene que ver con la ya mencionada mayor eficiencia de los recursos a que daría lugar la economía circular, es decir, la mayor conservación de los recursos, que provoca una menor extracción y uso de recursos naturales.

Por otro lado, se ha puesto mucho énfasis en la contribución de la economía circular a la descarbonización y, por tanto, a la lucha contra el cambio climático, que supone uno de los mayores desafíos para la humanidad. Las reducciones de las emisiones de gases de efecto invernadero (GEI) y, en particular, de CO_2, pueden ser muy considerables. Entre los estudios que calculan dichas reducciones, el de la Fundación Circle Economy (2023) expone que cambiar a una economía circular reduciría las emisiones de GEI en un 39% en el mundo. Por su parte, el de Wijkman and Skånberg (2015) calcula que cambiar a una economía circular reduciría las emisiones de carbono en España en un 70%.

Además, las emisiones de otros contaminantes atmosféricos de efecto local también disminuirían, lo que mejoraría la calidad del aire, particularmente en las ciudades. Asimismo, se reducirían las inmisiones al medio acuático, dando lugar a una menor contaminación de las aguas. Son previsibles además una menor alteración de paisajes y hábitats, una menor pérdida de diversidad y una mayor productividad de la tierra (evitándose la degradación de la misma).

Es importante destacar que algunos beneficios ambientales tienen una estrecha conexión entre sí. Por ejemplo, la reducción de la extracción y uso de materias primas disminuye el consumo energético, lo que a su vez implica unas menores emisiones de CO_2.

Beneficios sociales

Hay ocasiones en las que se mencionan los beneficios sociales de la economía circular fundamentalmente en términos de empleo. En efecto, varios estudios muestran que esta tendría importantes efectos positivos sobre el empleo, tanto respecto a su cantidad como a su calidad.

Los datos disponibles parecen refrendar un efecto positivo de la economía circular, fundamentalmente, sobre la cantidad de empleo, aunque las cifras aportadas no siempre son de empleos netos (los que se ganan menos los que se pierden con la economía circular). Según la Organización Internacional del Trabajo (OIT), si el mundo implementara más actividades circulares como las de reciclar, reparar y refabricar, se crearían 6 millones de puestos de trabajo en el mundo para 2030 (PNUD, 2023). En la UE se crearían hasta 700 000 puestos de trabajo más para el mismo año (Parlamento Europeo, 2023), de los cuales al menos un 10% podrían generarse en España (Gobierno de España, 2024).

De esta manera, la economía circular incrementaría el número de empleos en la economía en varios estudios realizados en países concretos, como el que se llevó a cabo para Finlandia, Suecia, Países Bajos, España y Francia (Wijkman y Skånberg, 2015), los realizados sobre Reino Unido o Australia (Taylor, 2020). Una revisión de la literatura elaborada ya hace tiempo sobre el tema llegaba también a la conclusión de que la economía circular incrementaría el número de empleos en la economía (Horbach, Rennings y Sommerfeld, 2015).

Existen varias razones por las que se produciría dicha creación de empleo. Serán necesarias nuevas industrias, lo que implicará nuevas oportunidades. Además, al desacoplar el crecimiento económico del consumo de recursos, la economía circular permite sendas de crecimiento económico más sostenibles, lo que a su vez genera empleo a largo plazo (Heinrich Böll Stiftung, 2024). El impacto sobre el empleo también sería la consecuencia de un mayor gasto derivado de menores precios (Fundación Ellen McArthur, 2024).

No obstante, aunque la economía circular dará lugar a nuevos trabajos (en ámbitos como el reciclaje, servicios como la reparación o el alquiler o en nuevas empresas que hacen un uso innovador de materiales secundarios), otros empleos se perderán en empresas pertenecientes a la economía lineal. Por ejemplo, la difusión masiva de tecnologías circulares daría lugar a una menor extracción de recursos no renovables, lo que reduciría significativamente los empleos asociados a esa actividad.

Aparte de cambios cuantitativos, también habrá cambios cualitativos. La economía circular requiere nuevas habilidades, desde la reparación y remanufacturación al reciclaje y la gestión de recursos. Muchos empleos cambiarán de actividad, dentro o fuera del mismo sector, lo que exigirá el aprendizaje de habilidades técnicas diferentes. En un estudio sobre el impacto de la economía circular en cinco países europeos (República Checa, Finlandia, Francia, Países Bajos y Polonia), sus autores muestran que esta dará lugar a nuevas líneas de trabajo, nuevos empleos, puestos con elevadas habilidades técnicas o una combinación de estas y, por tanto, a una actualización de las propias habilidades técnicas. Todo esto sugiere la necesidad de una formación complementaria para muchos trabajadores, que incorpore la economía circular en todos los niveles educativos (Sitra, 2021).

La PTI de economía circular del CSIC

Como se explicará más en detalle en el capítulo 4, un aspecto fundamental en el avance hacia una economía circular es la colaboración institucional entre diferentes actores (decisores públicos, instituciones de investigación, empresas, organizaciones de consumidores, etc.) y a diferentes niveles (nacional, regional y local). Además de la colaboración público-privada, desde el punto de vista de un organismo público de investigación como es el CSIC, las distintas dimensiones de los desafíos de avanzar hacia una economía circular requieren de una visión que trascienda el ámbito de una única disciplina. Es decir, se necesita un enfoque inter(multi)disciplinar que aglutine de manera sinérgica los recursos y capacidades, así como los esfuerzos de investigación, que llevan a cabo grupos de investigación que están *a priori* organizados en una única disciplina.

Precisamente con ese propósito, el CSIC creó en 2018 las Plataformas Temáticas Interdisciplinares (PTI) con el objetivo de abordar retos multidisciplinares de alto impacto científico, económico y social. Estas plataformas están integradas por grupos de investigación de distintos centros del CSIC y abiertas a la participación de empresas, administración, otras instituciones y agentes sociales.

En este contexto, la PTI SosEcoCir nace con el objetivo principal de contribuir a reducir el impacto ambiental y garantizar la sostenibilidad de los sistemas productivos ofreciendo soluciones innovadoras a través de criterios basados en la economía circular[9].

Actualmente esta PTI reúne a 35 grupos de investigación pertenecientes a 20 institutos, distribuidos en ocho comunidades autónomas del territorio español. Los 35 grupos que conforman la plataforma realizan su investigación agrupados en cuatro áreas principales:

1. Transición energética.
2. Ecodiseño.
3. Residuos y medioambiente.
4. Agricultura y acuicultura sostenible.

El área de transición energética reúne a 18 grupos que trabajan principalmente en las áreas de descarbonización y

---

9. Véase https://n9.cl/witia.

energías renovables. Entre las líneas de investigación que se desarrollan destacan las dedicadas a la purificación de gases, filtrado y descontaminación de emisiones industriales mediante el desarrollo de materiales carbonosos y el secuestro de carbono; aquellas dirigidas al desarrollo de materiales para el almacenamiento, transporte y generación de energía, recuperación de tierras raras y materiales procedentes de vehículos eléctricos, paneles solares y parques eólicos; las de aprovechamiento de residuos biomásicos y biorrefinería, y aquellas dirigidas a la mejora de la energética edificatoria.

El área de ecodiseño reúne a 22 grupos que orientan su investigación a la caracterización y desarrollo de nuevos materiales, con nuevas funcionalidades a partir de aceros, materias críticas, aleaciones, cerámicas y vidrios, madera, papel y celulosa, plásticos, resinas y ligninas, con aplicaciones en diferentes ámbitos, como la construcción, la industria, la fabricación aditiva y la nanomedicina, entre otros.

Además, en el sector de la construcción se trabaja en el desarrollo de materiales más eficientes y sostenibles, y en la adaptación de las edificaciones y los espacios urbanos para hacer de los barrios y las ciudades lugares más saludables y eficientes, sin dejar de lado la conservación del patrimonio histórico y cultural.

En el área de residuos y medioambiente se incluyen 22 grupos que trabajan alrededor de la valorización de residuos y la remediación ambiental, dando una segunda vida a materiales como vehículos eléctricos, recursos mineros y escombreras, neumáticos y plásticos, residuos alimentarios, biomásicos, de madera, papel, celulosa y de base tierra como materia prima secundaria, desarrollando sistemas de teledetección ambiental y realizando análisis del estado y la descontaminación, así como recuperación de suelos, agua y aire.

Finalmente, el área de agricultura y acuicultura sostenibles cuenta con siete grupos que centran su atención en la acuicultura y nutrición y la agricultura y la gestión del medio rural, desarrollando líneas de investigación relacionadas con las interacciones acuicultura-medioambiente y ecotoxicología acuática: diversificación de especies de peces, análisis de su valor nutricional y los ácidos grasos esenciales, larvicultura y la acuicultura de bajo nivel trófico y multitrófica. También se evalúa el papel de la agricultura en el desarrollo territorial y en las estrategias de manejo agrícola, analizando su efecto en la transformación rural y en las propiedades y calidad de productos y subproductos vegetales. Tal vez esta área es más desconocida para la población, pero la producción de animales acuáticos (acuicultura) y el cuidado de las larvas (larvicultura), dándoles el mejor cuidado y sustento, es una forma de producir comida y cuidar ciertas especies sin tener que capturarlas en la naturaleza. De esta manera, estas técnicas permiten la producción de alimentos de manera sostenible, reciclar recursos y minimizar el desperdicio, beneficiando tanto al medioambiente como a la economía.

La PTI SosEcoCir tiene como misión ser útil para la sociedad y ser el motor para el progreso científico-tecnológico del sector industrial. Su principal reto es facilitar la colaboración público-privada para convertir las innovaciones y avances científicos en herramientas que potencien el tejido productivo y social. Para ello, la plataforma cuenta con la colaboración de 16 organismos públicos de investigación, 12 empresas y asociaciones empresariales y 7 organizaciones y asociaciones pertenecientes a diferentes ámbitos relevantes, y está abierta a ampliar la colaboración con nuevas organizaciones.

CAPÍTULO 2

La economía circular en el sector de la construcción

Introducción

La economía circular es un eslabón clave dentro de la cadena de desafíos a los que nos enfrentamos como sociedad en este siglo. El cambio de modelo de un consumo y producción circular en lugar del lineal mantenido hasta ahora es una alternativa sostenible en un sector tan usuario de recursos naturales y generador de residuos como es el sector de la construcción. Este sector pretende dar al material el máximo valor en toda su cadena de valor de manera que se pueda aprovechar o reaprovechar en su totalidad.

La economía lineal sigue la lógica de *extraer, producir, usar y desechar*, fruto de la abundancia de recursos, la facilidad de su obtención y de una eliminación que se lleva a cabo prácticamente sin coste económico. Por el contrario, la economía circular busca la incorporación de otras actividades a dicha lógica para cerrar ciclos, lo que incluye las mencionadas 10 prácticas R, de manera que se minimice sobre todo la extracción de materia prima (preservando los recursos del planeta), las emisiones de GEI y el uso (y, por tanto, la existencia) de vertederos; y que mejoren otros factores como son, por ejemplo, la calidad de vida en el planeta, la mentalización de la población para protegerlo y cuidarlo y la salud de la población.

Según la Agencia Internacional de la Energía (AIE), el sector de la construcción y los edificios representa aproximadamente el 39% de las emisiones globales de dióxido de carbono. De estas, el 28% proviene de la operación de edificios (calefacción, refrigeración, electricidad) y el 11% de los procesos de construcción y materiales como el acero y el cemento. La construcción consume aproximadamente el 50% de todos los materiales extraídos a nivel mundial, lo que la convierte en uno de los mayores consumidores de recursos naturales. Esto incluye minerales, metales, madera y agua. Aproximadamente un tercio de los residuos sólidos provienen de actividades de construcción y demolición. En la Unión Europea se generan cerca de 374 millones de toneladas de residuos de construcción y demolición cada año, lo que representa aproximadamente el 30% de todos los residuos generados en la región.

Alternativas para una economía circular en el sector de la construcción

Este contexto pone de relieve la necesidad urgente de adoptar prácticas más sostenibles, como las que aparecen en la figura 4, que reduzcan la huella ambiental de la construcción y permitan avanzar al cumplimiento de los objetivos de la Agenda 2030 y el Pacto Verde Europeo, entre otros.

En la actualidad, el crecimiento de la población que vive en las ciudades ha aumentado sustancialmente, hasta suponer alrededor del 56% de la población mundial. Este rápido crecimiento ha supuesto que no todas las ciudades tengan las viviendas, infraestructuras y medios necesarios para garantizar la calidad de vida de los ciudadanos. En estas áreas urbanas se produce un aumento de las emisiones de GEI, un daño evidente a la flora y fauna, la falta de espacio para urbanizar y, por tanto, albergar adecuadamente el crecimiento poblacional, así como una proliferación, entre otras cuestiones, de residuos sólidos urbanos (RSU). Todo esto conlleva el desarrollo de zonas marginales, y es necesario señalar que si ya en los centros de las ciudades en ocasiones no se garantizan unas condiciones de vida salubres, en las zonas marginales esas condiciones prácticamente no existen.

FIGURA 4
Premisas para avanzar a una economía circular en el sector de la construcción.

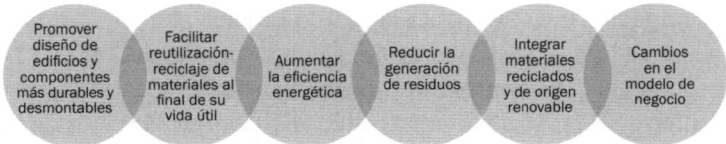

FUENTE: ELABORACIÓN PROPIA.

Ante este panorama, el ODS 11 de "Ciudades y comunidades sostenibles" pretende lograr que las ciudades y los asentamientos humanos sean inclusivos, seguros, resilientes y sostenibles. Entre las metas planteadas en este ODS está la de que, de aquí a 2030, se reduzca el impacto ambiental negativo per cápita de las ciudades, prestando especial atención a la calidad del aire y la gestión de los desechos municipales y de otro tipo.

El reciente informe "Perspectiva Mundial de la Gestión de Residuos 2024" del PNUMA (2024) recoge los datos actualizados más sustanciales sobre la generación mundial de residuos y el coste de los mismos y su gestión desde 2018. Los resultados de ese informe hacen prever que la generación de RSU aumente a 3800 millones de toneladas en 2050. En 2023, con una producción de 2300 millones de toneladas, el coste de la gestión de estos residuos, que incluyen los denominados costes ocultos de la contaminación, la insalubridad y el cambio climático derivados de las malas prácticas de eliminación de residuos, se eleva a 361 000 millones de dólares, por lo que en 2050 podría llegar a alcanzar los 640 300 millones de dólares.

La generación de desechos municipales y RSU está ligada a la actividad humana, siendo por lo tanto necesarios esfuerzos colectivos que reviertan tanto la generación de estos residuos como la utilización de los mismos en materiales y procesos que ayuden a la conservación del planeta y garanticen un futuro habitable y asequible a la sociedad. Particularmente en el sector de la construcción, un modelo de economía circular en el que se plantee un futuro de cero residuos, al tiempo que se mejora la gestión de los mismos para evitar una contaminación significativa, emisiones de gases de efecto invernadero y los impactos negativos para la salud humana, son los caminos que se deben seguir para cumplir con las metas del ODS 11.

En este objetivo es importante mencionar que existen alternativas al envío a vertedero de los RSU y que el sector de la construcción es, precisamente, uno de los que puede absorber este tipo de residuos. Macías *et al.* (2001) ponen de manifiesto que una de las alternativas al almacenamiento de estos residuos es la incineración en hornos con y sin recuperación de energía. Aunque esta práctica conlleva una reducción en masa de un 70%, el volumen de residuos que han de ser gestionados es aún considerable. Asimismo, cuando se queman residuos, queda un tipo de ceniza formada por restos quemados y residuos de los filtros de la extracción de humo de las plantas.

En los años ochenta, la población empezó a preocuparse porque estas cenizas tenían muchos metales tóxicos, lo que las hacía peligrosas. Para poder utilizar y manipular mejor estos residuos, se empezaron a investigar formas de tratarlos y aprovecharlos. Se han planteado varias ideas, como puede ser usarlos en la construcción en lugar de algunos materiales naturales. Por ejemplo, podrían servir para hacer hormigón, bloques de construcción, carreteras o incluso para construir arrecifes artificiales. También se ha estudiado la posibilidad de usarlos en la fabricación de cementos más sostenibles y de menor huella de carbono.

Algunos investigadores (Macías *et al.*, 2001) han probado mezclar estas cenizas con cemento, ya que tienen una propiedad llamada puzolánica. Esto significa que pueden reaccionar con ciertas sustancias del cemento y hacer que los materiales sean más resistentes. Los estudios realizados por Goñi, Guerreo y Macías (2009) muestran que estas cenizas pueden mejorar la resistencia del cemento, igual que algunas sustancias naturales que ya se usan con ese fin. En particular, si se sustituye entre un 20 y un 40% del cemento por estos residuos, los materiales resultantes se vuelven más fuertes y duraderos (figura 5).

Figura 5
Cementos ecoeficientes con un 40% de escorias procedentes de la incineración de residuos sólidos urbanos.

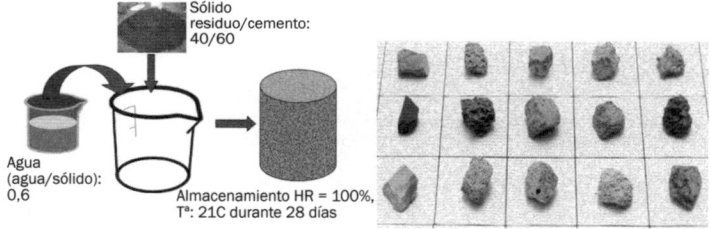

Fuente: Elaboración propia.

Las investigaciones y esfuerzos realizados por la comunidad científica y por empresas del sector de la construcción, de la gestión de residuos, de los desarrolladores de aditivos y un amplio etcétera para mejorar la gestión de estos residuos y su inclusión en la cadena de valor han desembocado en que la nueva Ley 7/2022[10]. Esta define distintas categorías de residuos, incluyendo, entre otros, los que se presentan en la tabla 2.

Esta ley obliga a los ayuntamientos y entidades privadas a imponer una tasa específica y no deficitaria para poder cubrir el coste que se genera como consecuencia de la gestión y tratamiento de los RSU.

---

10. Ley 7/2022, de 8 de abril, de residuos y suelos contaminados para una economía circular, BOE nº 85, sec. I, pp. 48578-18733.

TABLA 2
Algunas de las categorías de residuos definidos en la Ley 7/2022.

Residuos municipales	Residuos domésticos de viviendas y comercios	Residuos de limpieza viaria	Residuos voluminosos (muebles, colchones, electrodomésticos)	Residuos de ferias y mercados
Residuos peligrosos	Residuos con sustancias tóxicas, inflamables o corrosivas	Pilas y baterías	Aceites industriales y lubricantes usados	Disolventes, pinturas y barnices
Residuos de construcción y demolición (RCD)	Hormigón, ladrillos, cerámica y materiales de construcción	Maderas, metales, plásticos y vidrio de obras	Residuos de excavaciones y tierras	
Residuos industriales	Subproductos de procesos industriales	Lodos y escorias	Plásticos y embalajes industriales	
Residuos de aparatos eléctricos y electrónicos (RAEE)	Electrodomésticos, ordenadores, móviles, televisores	Bombillas y fluorescentes		
Residuos agrícolas y ganaderos	Plásticos agrícolas (cubiertas de invernaderos)	Residuos orgánicos de explotaciones (estiércol, purines)	Pesticidas caducados y envases fitosanitarios	
Residuos sanitarios y farmacéuticos	Material de un solo uso (guantes, mascarillas, agujas)	Medicamentos caducados y productos químicos hospitalarios		
Residuos radiactivos (gestionados por normativa específica)	Materiales contaminados con radiactividad			

FUENTE: ELABORACIÓN PROPIA.

Como se puede ver en la tabla 2, se incluyen los residuos de construcción y demolición (RCD) que son, básicamente, los escombros y desechos que quedan después de construir, remodelar o derribar edificios y otras estructuras. Esto incluye materiales como ladrillos, cemento, madera, metal, vidrio, plásticos, restos de yeso y hasta cables o tuberías viejas. Este tipo de residuos representa uno de los mayores desafíos ambientales actuales en la industria de la construcción debido a la gran cantidad que se generan (30-40% del total de residuos generados en la UE), la mala gestión y un bajo índice de reciclaje (menos del 40% de los RCD se reciclan y el resto va al vertedero).

Si pensamos en este tipo de residuos, nos podemos preguntar: ¿quién no ha visto cerca de su casa un contenedor lleno de restos de residuos, de perfiles de ventanas, de lavabos o inodoros, telas, plásticos, aceite, entre otros, porque *ya que está ahí el contenedor, ¿por qué no echar la bolsa de basura, una silla que no quiero, etc.?* Todo lo que hay en ese contenedor se puede reusar, reutilizar, reciclar, recuperar y remanufacturar, dando una segunda vida a materiales que van al vertedero con el consecuente impacto negativo que tiene sobre la sociedad, el medioambiente y la economía.

Por lo comentado, es por lo que la Ley 7/2022 afecta principalmente a los RCD en los puntos siguientes:

- Prevención en la generación de RCD: usar materiales que sean más duraderos, recuperables y remanufacturados, es decir, fabricados a partir de uno usado.
- Gestión de los residuos producidos en las obras: se deben primar acciones de recogida separada de los residuos: madera, inertes, metales, vidrio, plástico y yeso para facilitar su reciclaje, reutilización y recuperación en nuevos productos, fomentando el uso de materias secundarias y rechazando la materia virgen. La demolición selectiva y la separación de los residuos ayudará a aprovechar mejor los materiales.
- Fin de la condición de residuo: determinados residuos, como son la madera, el metal, el cartón y el vidrio, pueden entrar de nuevo a formar parte de un proceso productivo como materia prima secundaria.
- El principio de responsabilidad ampliada aplicable tanto en las promotoras como productoras de residuos, y en las constructoras, como poseedoras del residuo, considera fundamental que se realice un estricto control documental durante toda la obra de los materiales.
- Es prioritaria la trazabilidad y seguimiento de los RCD siendo, por tanto, necesaria la identificación mediante certificados que deberían introducirse en los sistemas electrónicos de información de residuos constituidos por registros, plataformas y herramientas informáticas.
- Se establece un nuevo impuesto para los envases de plástico no reutilizables, con dos finalidades. Por una

parte, fomentar el uso de productos reciclados en las obras; por otra, potenciar la recogida de los fabricantes.

- Se debe priorizar el tratamiento de los residuos en empresas próximas a la zona de actuación. De esta manera se evitan las emisiones de CO_2 asociadas al sector transporte y los sobrecostes de la gestión.
- Por último, se establecen incrementos en las penalizaciones, infracciones y sanciones.

En esta aproximación, entre otros, podemos mencionar el ejemplo del proyecto Fomento de la VALorización y uso de RCD bajo criterios de Economía Circular (VALREC), un proyecto financiado por la Comunidad de Madrid para fomentar la valorización de los RCD y el uso de materiales recuperados bajo criterios de economía circular. Se trata de un ejemplo de colaboración público-privada, tanto desde la investigación y el desarrollo como de la innovación. En él han participado empresas del sector de la gestión de residuos (RCD), fabricantes de hormigones y morteros, así como de productos químicos para el sector de la construcción, extracción de áridos y materias primas, y desarrolladores de *software* y proveedores de tecnologías *blockchain*, apoyados en centros de investigación públicos y privados y universidades.

VALREC es un proyecto de investigación industrial en el que ha primado la sinergia entre investigación, desarrollo e innovación, sin dejar fuera ningún agente que pueda aportar valor, siendo por tanto un buen ejemplo de simbiosis industrial, así como de los pasos necesarios para avanzar en los retos existentes relacionados con la economía circular en el sector de la construcción.

Los trabajos desarrollados en el marco del proyecto VALREC tratan de contribuir a mejorar un contexto en el que las demoliciones de obras se ejecutan con bajas tasas de segregación en origen, escasa planificación, y en el que las rutas se prevén teniendo en cuenta solo las necesidades inmediatas de las obras y no las de valorización del RCD. Además, la gestión documental se desarrolla mediante albaranes en papel —con falta de digitalización y trazabilidad—, la recepción en planta se ejecuta con procesos de identificación visual y sujetos a inspección humana y los RCD se caracterizan por su alta heterogeneidad y por sus procesos de valorización poco avanzados. De hecho, los áridos reciclados son de muy baja calidad y su uso en nuevos productos de construcción es insignificante.

Así, el principal objetivo de VALREC es buscar nuevas soluciones avanzadas y eficientes en costes que garanticen un cierre de ciclo más eficiente y trazable (incremento de la confianza de materiales secundarios en el mercado) de grandes volúmenes de recursos materiales de construcción (principalmente hormigón, cerámico y yeso) a lo largo de toda la cadena de suministro de los mismos. Las diferentes soluciones se conciben desde una aproximación holística, adaptada al escenario local, en este caso la CAM, pero que es extrapolable a otras comunidades autónomas, y desde una perspectiva que aborde la superación de diferentes obstáculos, tecnológicos y de mercado.

Para ello el esquema de trabajo que se planteó al inicio del proyecto (figura 6) rompía con la forma lineal de *empezar-producir-usar-tirar* y proponía además la incorporación de las prácticas R como son reutilizar, reciclar, reusar, rechazar, reducir y remanufacturar, que favorecieran la conservación del planeta, el medioambiente, que mejoraran la vida de los ciudadanos y de la sociedad en general, sin dejar de lado, por otra parte, cuestiones como la salud, el desarrollo, el conocimiento, la innovación, el empleo y la igualdad de oportunidades.

El proyecto plantea, desde un principio, la incorporación de herramientas digitales que permitan mejorar la demolición selectiva, la logística y la gestión de los RCD. Asimismo, se ha mejorado la trazabilidad, la optimización de las rutas de los camiones, el módulo de control de entrada en la planta por volumen —mediante la cubicación del camión— y la entrega del residuo mediante un QR o albarán personalizado. Ha permitido probar tecnologías alternativas, procedentes de otras industrias; se ha ahondado en procesos que permiten graduar la calidad del árido reciclado que sale de la planta de tratamiento, con procesos de limpieza del árido por vía seca (separación densimétrica). Además, se ha testado con éxito la tecnología de los molinos horizontales para la limpieza de los finos adheridos a los RCD, que hoy se utiliza para tratar los áridos naturales ya limpios.

FIGURA 6
Concepto VALREC.

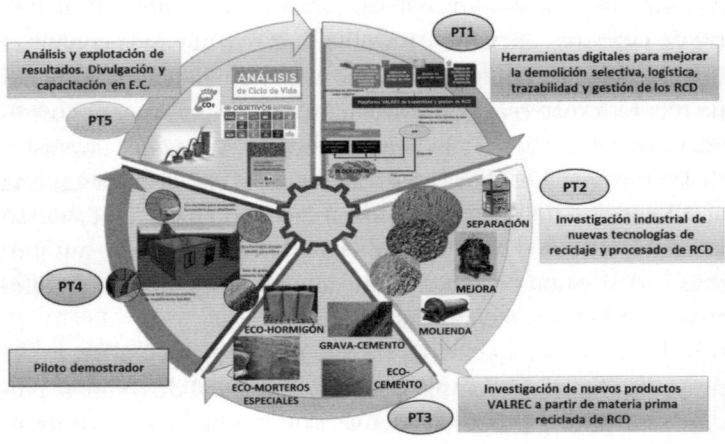

FUENTE: CONSORCIO PROYECTO VALREC.

VALREC ha desarrollado nuevos productos, que serían los propios áridos reciclados, morteros y pasta de cemento (separando los finos). La solución VALREC ofrece nuevos ecoproductos de baja huella de carbono y mayor circularidad (áridos, cementos, morteros y hormigones). Las mejoras aportadas pasan por reducciones de la huella de carbono en productos VALREC de cerca del 70% en los áridos reciclados, 12% en cementos, del 14% en morteros y del 13% en hormigones. Esto implica una disminución en las actividades de explotación de canteras naturales y, por lo tanto, un aumento en la conservación del medioambiente.

Por último, se ha podido construir un proyecto piloto demostrador en una obra de la provincia de Madrid, que a partir del análisis de ciclo de vida de los productos obtenidos ha demostrado la mejora notable de la huella de carbono respecto a los hormigones convencionales. Además, el proyecto VALREC ha permitido desarrollar una intensa labor de divulgación a través de talleres y de más de 150 impactos sobre el proyecto en medios especializados y generalistas, lo que ha permitido que mensajes clave para la economía circular alcancen a todos los agentes implicados.

De esta manera, VALREC ha superado obstáculos tecnológicos y de mercado asociados a la demolición selectiva y trazabilidad de calidades mediante la digitalización de la información, el uso de tecnologías novedosas para la obtención de materias primas recicladas de mayor pureza y calidad y mediante la incorporación de un mayor porcentaje de materias primas recicladas —hasta un 95% en peso— en nuevos productos para el sector de la construcción, incluso con mayores prestaciones. Además, se han demostrado y validado soluciones digitales, orientadas al ecodiseño, que permiten disponer de mayor detalle de información a lo largo de la cadena de valor. Es un proyecto muy cercano al mercado.

De esta forma, es necesario tener en cuenta y comparar todos los costes ambientales y sociales de las diferentes alternativas constructivas —el uso de un árido de cantera frente a un árido reciclado, por ejemplo—, de tal modo que la opción con menor impacto a lo largo de todo el ciclo de vida reciba un tratamiento normativo y fiscal que beneficie e impulse su implantación.

VALREC pone de manifiesto que, para que la economía circular sea una realidad en el sector de la edificación, es necesario un cambio en las condiciones socioeconómicas del entorno que, a su vez, haga viable un cambio de modelo de negocio en la gestión de los RCD. A continuación se ofrecen otros cinco ejemplos[11] de economía circular en la construcción en cuyas soluciones se ha logrado la incorporación de las 10 R.

---

11. Véase https://n9.cl/51to1.

1. Edificio Sócrates (Viladecans, Barcelona). Se trata de una edificación de la constructora Construcía y gracias a ella se ha convertido en la primera constructora de España en lograr un modelo completo de economía circular en la construcción, es decir, que además de construir espacios, los prepara para que en un futuro puedan ser deconstruidos y reformados de manera sostenible. El edificio Sócrates es un espacio de trabajo en el que prima la salud, el bienestar y el confort de los empleados, aportando importantes beneficios económicos, sociales y de salud para las personas. El espacio se concibe como un espacio sin materiales tóxicos, saludable para las personas y respetuoso con el medioambiente. Todas las tareas de excavación han sido reutilizadas y un 88% de los materiales utilizados nunca llegarán a convertirse en residuos, pues todos pueden extraerse, procesarse y reutilizarse en otras construcciones, gracias al cuidado trabajo de trazabilidad que se ha llevado a cabo. Todo ello se consigue sin aumento de costes ni plazos de ejecución, alcanzando un retorno de la inversión sobre el valor inicial que asciende a un 20% y obteniendo un incremento del bienestar en los entornos de trabajo, mejorando la productividad.

2. Proyecto europeo Iceberg. Iceberg se enfoca en innovar y mejorar las tecnologías de reciclaje y recuperación con el objetivo de incrementar la tasa de reutilización de los RCD de manera significativa. El proyecto busca no solo avanzar en las tecnologías existentes, sino también desarrollar nuevas metodologías para la separación, clasificación y tratamiento de los residuos. Iceberg aborda directamente la necesidad de reducir la huella de carbono de las actividades de construcción y de promover prácticas de construcción más verdes mediante el uso eficiente de los recursos. Con un enfoque holístico y colaborativo, este proyecto une a investigadores, empresas del sector y autoridades públicas, fomentando un cambio significativo hacia prácticas más sostenibles en la industria de la construcción y la demolición. Al hacerlo, Iceberg no solo apunta a cumplir con las normativas ambientales más estrictas, sino también

a liderar con el ejemplo la transición hacia una economía circular robusta en Europa.

3. Kenoteq reinventa el ladrillo K-Briq, fabricado con más del 90% de residuos. Es un material desarrollado por Gabriela Medero, profesora de Ingeniería Geotécnica y Geoambiental en la Universidad Heriot-Watt de Escocia. No necesita ser quemado en un horno y produce menos de una décima parte de las emisiones de carbono de los ladrillos convencionales. Su fabricación es una aplicación de la economía circular en construcción, se utilizan los residuos de construcción y demolición, incluidos ladrillos, grava, arena y placas de yeso, se trituran y se mezclan con agua y un aglomerante. A continuación, los ladrillos se prensan en moldes personalizados. Teñidos con pigmentos reciclados, se pueden fabricar en cualquier color.

4. Ladrillos hechos a medida a partir de RCD. Este proyecto ha sido llevado a cabo por GP Groot y StoneCycling. En este caso, se ha creado un nuevo concepto de ladrillos hechos a medida a partir de sanitarios, tejas y ladrillos procedentes de la demolición. De esta forma, se pasa de la demolición circular a la reutilización sin fin, hasta el punto de que no es necesaria la utilización de materias primas. Se ha creado, así, un nuevo producto basado en los materiales disponibles y de cercanía. Este ejemplo ilustra que, para conseguir llegar al producto final, se requiere un enfoque diferente no solo de los fabricantes, sino también del arquitecto y el cliente, puesto que no se puede predecir el resultado final de los productos por adelantado, por lo que la colaboración entre diferentes agentes es muy importante para avanzar en los retos que la economía circular tiene dentro del sector de la construcción.

5. Restaurante Mo de Movimiento. Ubicado en el antiguo Teatro Espronceda, en el madrileño barrio de Chamberí, en él la cultura del aprovechamiento forma parte de su día a día y todas las decisiones están basadas en la sostenibilidad. En cuanto a la construcción, el espacio es un completo ejercicio

de reciclaje y ejemplo de economía circular en construcción, en el que se ha apostado por preservar décadas de historia. Por ejemplo, los materiales del mobiliario y los bancos provienen casi en su totalidad de la tonelada y media de escombros generados por las obras; las sillas de madera están fabricadas a partir del antiguo suelo que cubría el patio de butacas del teatro, y la cocina y el baño han sido alicatados con sobrantes de otras obras. Y así un sinfín de elementos más, pues, por ejemplo, la mayoría de los montajes luminosos son el resultado de rescatar las cajas de fluorescentes de aparcamientos. En definitiva, un proyecto sostenible en todas sus dimensiones.

La implementación de una economía circular en la construcción en la que se pongan en marcha acciones como las presentadas aquí supondría una disminución de la huella ambiental que alcanzaría reducciones de hasta un 38% de las emisiones de GEI y una reducción del 30% en la demanda de nuevos materiales de construcción[12].

La adopción de principios de economía circular en los edificios puede reducir su consumo energético en un 25-30% gracias a un diseño más eficiente, la integración de energías renovables y la optimización de la gestión de residuos (MITECO, 2021).

La reducción en el uso de materiales vírgenes y la gestión eficiente de los residuos puede traducirse en significativos ahorros de costes para los proyectos de construcción. Asimismo, la economía circular impulsa la innovación en materiales, diseño y modelos de negocio, abriendo nuevas oportunidades para empresas y profesionales del sector.

Conclusión

La transición hacia una economía circular en el sector de la construcción es una oportunidad para transformar una industria

---

12. Más información en https://n9.cl/vr65i.

crucial en la lucha contra el cambio climático y la degradación ambiental. Los principales retos que tiene en la actualidad son, entre otros, la falta de regulaciones estandarizadas y marcos claros para la evaluación y certificación de materiales reciclados, que sigue siendo un desafío significativo; la capacitación especializada en nuevas técnicas de construcción, manejo de materiales reciclados y diseño para el desmontaje; así como aumentar y estrechar la colaboración en toda la cadena de valor —arquitectos, ingenieros, fabricantes de materiales y contratistas— para diseñar y construir de manera más eficiente y sostenible.

Si bien, como se ha tratado de mostrar, existen desafíos significativos, los beneficios económicos, ambientales y sociales hacen que esta transformación sea no solo deseable, sino inevitable. A través de la innovación, la colaboración y el compromiso social, el sector de la construcción puede liderar el camino hacia un futuro más sostenible y resiliente, haciendo de la economía circular una estrategia inteligente para la construcción de un mundo donde los recursos sean utilizados de manera ingeniosa y eficiente, asegurando así su disponibilidad para las generaciones futuras.

CAPÍTULO 3

La economía circular en el sector de la metalurgia

Introducción

Otro de los sectores industriales críticos e influyentes para lograr de nuestro planeta un lugar limpio, sostenible, amigable e idóneo para que la vida de los ciudadanos sea saludable es el sector de la metalurgia.

La metalurgia es, por un lado, según la RAE, la ciencia y técnica que trata de los metales y de sus aleaciones[13] y, por otro, es un conjunto de industrias dedicadas a la elaboración y extracción de los metales para ser utilizados en diversos sectores productivos. ¿Y qué son los metales? Son unos elementos químicos que son buenos conductores del calor, la electricidad, con brillo característico y que prácticamente los tenemos presentes, probablemente sin darnos cuenta, en toda nuestra actividad diaria. A modo de ejemplo se puede decir que están en automóviles, autobuses, camiones, trenes, barcos, aviones, satélites, ordenadores, microondas, lavadoras, lavavajillas, frigoríficos, clavos, puentes, cojinetes, calderas, turbinas, reactores nucleares, prótesis, tractores, sembradoras, cosechadoras, LED, teléfonos móviles

---

13. Véase https://n9.cl/l6g46.

y un largo etcétera de usos que nos acompañan en nuestra vida. Es por ello que este sector tiene un impacto significativo en la sociedad actual desde el punto de vista social, tecnológico e industrial, ambiental y económico, tal y como se muestra en la figura 7.

FIGURA 7
Impacto en la sociedad actual del sector de la metalurgia.

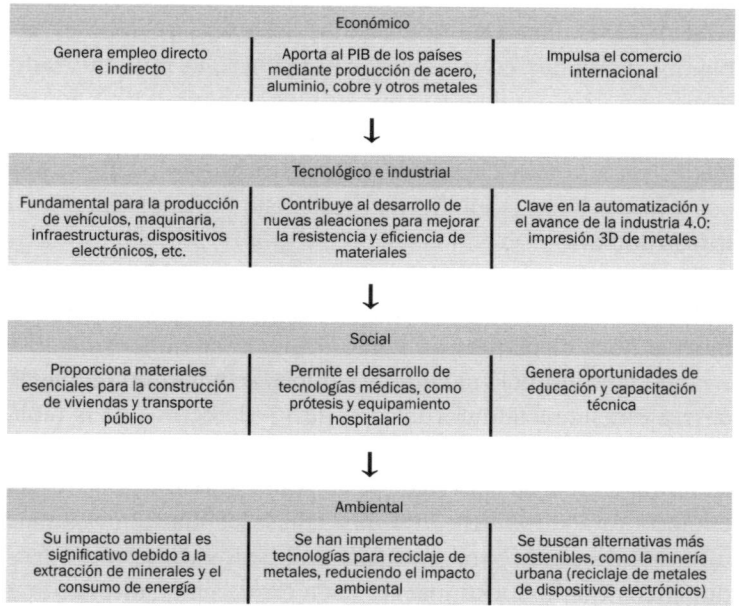

FUENTE: ELABORACIÓN PROPIA.

El sector del metal es una industria integrada por dos segmentos principales: metalurgia y fabricación de productos metálicos. Este sector tiene gran importancia en términos de empleo. En España, en 2023, la metalurgia representaba el 25% del empleo total del sector del metal y la fabricación de productos metálicos, el 75%. La producción de metales también tiene un impacto ambiental significativo, desde la extracción de materias primas (con la degradación de los ecosistemas, la pérdida de biodiversidad y la contaminación del agua y del suelo) hasta la emisión de gases de efecto invernadero. Supone alrededor del 1% de las emisiones globales y la producción de residuos, que incluye desde chatarra hasta desechos químicos, o escorias y polvo de horno que pueden ser tóxicos y afectar negativamente al medio exterior y a la salud de la población.

Cuando pensamos en metales, seguro que viene a nuestra mente el cobre, el plomo, el aluminio, el hierro, el zinc o aleaciones como el acero (hierro y carbono), el latón (zinc y cobre) o el bronce (cobre y estaño). Más recientemente, hablamos de titanio, cobalto o litio. El primero es muy utilizado en aeronáutica o medicina (por su biocompatibilidad). El cobalto es, junto con el coltán, uno de los minerales más codiciados para la fabricación de muchos dispositivos electrónicos como teléfonos inteligentes, tabletas, GPS, ordenadores, armas, industria aeroespacial, en cirugías, y por ello muy cotizados en las empresas del sector tecnológico. El litio se está convirtiendo en el oro blanco del siglo XXI por su uso en baterías y en medicina.

A estos últimos metales, hay que añadir las denominadas tierras raras, que son el conjunto de 17 elementos de la tabla periódica. Han entrado fuertemente en la escena mundial por su empleo en cosas tan habituales como la pantalla táctil del teléfono móvil, los tubos fluorescentes, los componentes de un vehículo eléctrico y gran cantidad de los dispositivos tecnológicos que manejamos. La mayoría de estos metales son difíciles de encontrar en grandes concentraciones, lo que complica el proceso de extracción y refino. Su producción se asocia a grandes impactos medioambientes y sociales. A día de hoy, son considerados minerales críticos, ya que son cada vez más necesarios para la economía global, de forma que una interrupción en la cadena de suministro podría provocar consecuencias graves a las economías mundiales.

Por todo lo expuesto, la búsqueda de formas más sostenibles de producir metales y tierras raras se ha convertido en una prioridad a nivel mundial. Es fundamental implementar prácticas que hagan del sector de la metalurgia una industria competitiva desde el punto de vista económico, social y medioambiental. En este contexto, la adopción de un modelo de economía circular es una necesidad urgente para reducir la huella ambiental y mejorar la sostenibilidad del sector. A través del reciclaje, la optimización de procesos, el ecodiseño y el uso eficiente de la energía, es posible avanzar hacia una producción más responsable con el medioambiente y, al mismo tiempo, económicamente viable.

Alternativas para una economía circular en el sector de la metalurgia

Las políticas medioambientales como la Ley de Residuos, el Pacto Verde Europeo, las estrategia de descarbonización y la necesidad real de hacer de los sectores productivos lugares donde la innovación, la sostenibilidad y el bien del ciudadano sean la columna vertebral del avance hacia una sociedad inclusiva, segura y resiliente han hecho que se diseñen estrategias que optimicen los procesos productivos, reduzcan la generación de residuos, reutilicen los materiales y se empiece a visualizar un cambio hacia el concepto de materia prima secundaria como fuente del desarrollo sostenible y motor del avance hacia la conservación del planeta.

En este contexto, un concepto que nació en Japón en los años ochenta y que es un claro ejemplo de economía circular es el de minería urbana. Hace referencia a que las ciudades, cada vez más pobladas, son una mina o fuente de materiales de las que se pueden extraer materiales útiles para el ser humano. Este concepto está centrado en los residuos de aparatos eléctricos y electrónicos (RAEE)[14]. Estos residuos abarcan muchos productos diferentes que se desechan cuando dejan de usarse, como son grandes electrodomésticos (como las lavadoras y las estufas eléctricas), equipos informáticos y

---

14. Véase https://n9.cl/n9vj9y.

de telecomunicaciones (ordenadores portátiles, impresoras), equipos de consumo y paneles fotovoltaicos (videocámaras, lámparas fluorescentes), pequeños electrodomésticos (aspiradoras, tostadoras) y otros como las herramientas eléctricas y los dispositivos médicos. En la figura 8 se incluyen los RAEE recogidos en la UE en kg por habitante.

Figura 8
RAEE recogidos en la UE en kg por habitante.

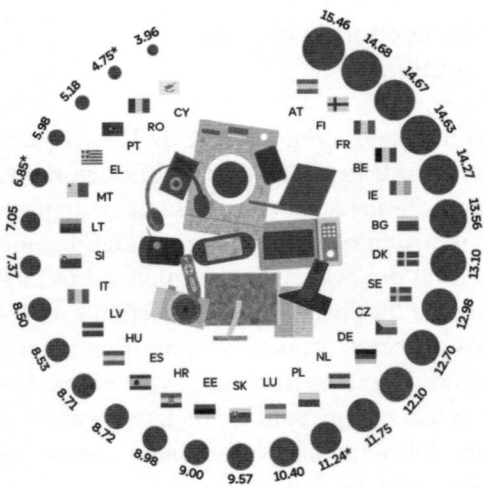

Fuente: Eurostat (2021).

La cantidad de aparatos eléctricos y electrónicos comercializados en la UE pasó de 7,6 millones de toneladas en 2012 a 13,5 millones de toneladas en 2021. El total de aparatos eléctricos y electrónicos recogidos pasó de 3 millones de toneladas en 2012 a 4,9 millones de toneladas en 2021. El grado de adopción de las prácticas de reciclaje de residuos de aparatos eléctricos y electrónicos varía de un Estado miembro a otro: en 2021, Austria se situó a la cabeza de los países de la UE en recogida de residuos electrónicos, con una media de 15,46 kg por habitante. En 2021, se recogieron 11 kg de residuos de aparatos eléctricos y electrónicos por habitante de media en la Unión. Es claro el crecimiento exponencial de este tipo de residuos, de los que se reciclan menos del 40%. Son por lo tanto necesarios planes que reutilicen, valoricen y den una segunda vida a estos residuos centrándose en sus componentes fabricados con materias primas finitas: oro, plata, paladio, estaño, cobre, etc., constituyendo una fuente fundamental de materia prima secundaria.

Según datos del Boletín de Vigilancia Tecnológica sobre Economía Circular de la Escuela de Organización Industrial (EOI) y el Centro Tecnológico de la Información y la Comunicación (CTIC) de 2023, se estima que los aparatos electrónicos contienen entre 30 y 50 veces más metales preciosos que los que se extraen de la misma cantidad de minerales. Por ejemplo, de una tonelada de teléfonos móviles se pueden extraer hasta 150 gramos de oro, cuando de una tonelada de mineral de oro se pueden obtener tan solo 5 gramos. También contienen abundantes cantidades de las conocidas como tierras raras (como el neodimio y el lantano). Además, la minería urbana es una práctica más sostenible que la minería tradicional porque emite 316 toneladas de CO_2 y 12 750 toneladas de residuos tóxicos menos que esta, además de utilizar menos agua. Sin embargo, es una opción de alto coste y poco respetuosa con el medioambiente, ya que requiere para su extracción el empleo de productos químicos corrosivos, como el ácido clorhídrico concentrado.

En este sentido, ya existen propuestas innovadoras para avanzar hacia la sostenibilidad en este campo. Un ejemplo es la propuesta de un grupo de investigación de la Universidad Rice (Texas, EE UU), liderado por el doctor James Tour (Deng et al., 2022), que consiste en "extraer las tierras raras a través de pulsos de calor producidos por una corriente eléctrica". Se trata de un proceso electrotérmico ultrarrápido que activa los residuos para mejorar su extracción ácida a bajas concentraciones de ácido clorhídrico. Un voltaje pulsado sube la temperatura a aproximadamente 3000 °C en tan solo un segundo, lo que provoca la descomposición térmica de los fosfatos de tierras raras (que son difíciles de disolver) en óxidos de tierras raras (mucho más fácilmente solubles) y la reducción carbotérmica de componentes de las tierras raras a sus metales de alta reactividad. La estrategia de activación se ha validado para diferentes tipos de residuos, incluyendo RAEE, y el nuevo proceso es escalable y eficiente energéticamente. Con este proceso, se extrae entre 2-3 veces la cantidad de tierras raras que se obtendrían directamente de minerales concentrados.

Otro ejemplo de procesos innovación en el ámbito de la minería urbana es el desarrollado por la *startup* neozelandesa Mint Innovation (World Economic Forum, 2021), que utiliza una eficiente combinación de microbios y productos químicos para recuperar metales preciosos. El proceso es simple: los RAEE son triturados hasta convertirlos en una nube de polvo fino a la que se le añaden unos reactivos químicos que van a disolver los metales de interés (oro, en particular); a continuación, la mezcla se filtra para separar el resto de residuos sólidos del líquido que contiene los metales preciosos. A continuación, a este líquido se añaden microbios específicamente diseñados para atraer el oro y separarlo del resto de metales. Esta técnica se conoce como biosorción. Los microbios se recuperan para ser incinerados y se obtiene el oro reciclado.

Aunque la recuperación de metales de los componentes al final de su vida útil es una creciente necesidad para la industria europea, tanto por razones de abastecimiento, como de sostenibilidad, los actuales procesos de reciclaje implican un alto consumo energético, principalmente de fuentes fósiles, y su capacidad para separar los elementos de aleación presentes en las chatarras metálicas. Todo esto dificulta y limita el posterior uso de los materiales recuperados en determinadas aplicaciones. Según datos aportados por la investigadora de AZTERLAN, Centro de Investigación Metalúrgica[15] Clara Delgado, especialista en sostenibilidad y medioambiente en la industria metalúrgica,

---

15. En https://n9.cl/bck5j.

las instalaciones industriales de reciclaje de metales europeas se componen, principalmente, de maquinaria y equipos con un cierto grado de antigüedad. Por lo que, si queremos mejorar la capacidad para recuperar metales y elementos de aleación, así como incrementar la sostenibilidad medioambiental y energética del propio proceso de reciclaje, es necesario actualizar y optimizar los equipos e infraestructuras. En un contexto de demanda creciente, en el que también crece la variabilidad de las chatarras y aleaciones a reciclar, es necesaria la incorporación de herramientas de control de proceso basadas en modelos predictivos, uso de sensores que favorezcan el análisis de la composición de las chatarras metálicas o la implantación de sistemas avanzados que permitan controlar el mix de carga y el funcionamiento óptimo de los hornos. Por ello hay una necesidad para la industria del metal, que necesita incorporar metales secundarios en el desarrollo de sus productos. Sin embargo, para conseguirlo, también necesita poder asegurar la calidad y la trazabilidad de estos materiales reciclados para su reincorporación en los procesos de fabricación[16].

Como respuesta a esta situación, nace el proyecto europeo REVaMP[17], donde AZTERLAN ha trabajado con las empresas REFIAL Refinería de Aluminio SL y GHI Hornos Industriales SL en la mejora del proceso de refino de aluminio, centrándose en la eficiencia energética del proceso y en el aseguramiento de la calidad del metal reciclado. La consecución de los objetivos de este proyecto ha demostrado la viabilidad de añadir una etapa de precalentamiento de la chatarra de aluminio para mejorar el rendimiento energético del proceso, fase para la que han diseñado un innovador horno alimentado con combustible derivado de residuos con el que han conseguido resultados prometedores, con un ahorro potencial de gas natural[18]. Igualmente, se ha desarrollado un nuevo equipo para evaluar la calidad del aluminio que, además, es un "laboratorio portátil", denominado Alu-Q®, que

16. Puede leerse en https://n9.cl/cok6u.
17. Véase https://n9.cl/iq315.
18. Más información en https://n9.cl/cok6u.

permite analizar la calidad metalúrgica del metal en estado líquido, ejecutando, de forma simultánea, los ensayos de densidad, nivel de óxidos (inclusiones) y análisis térmico.

Otro componente muy familiar en nuestra sociedad es la chatarra, que se trata de material de desecho compuesto por sustancias o trozos metálicos viejos, gastados o estropeados, en especial de hierro, pertenecientes a objetos diversos, máquinas o aparatos en desuso, que pueden ser reciclados. Existen dos grandes tipos de chatarra: la de metales provenientes del hierro, acero y otros elementos, conocida como chatarra de metales ferrosos, y la de metales no ferrosos, que contiene otros elementos como aluminio, cobre, plomo, etc.

La chatarra se produce solo como consecuencia de residuos o materiales *viejos*, sino también por la propia actividad de la industria. Hoy en día, se asocia este concepto al de chatarra electrónica o basura electrónica o basura tecnológica, haciendo referencia a los aparatos electrónicos que han llegado al final de su vida útil o que ya no son funcionales, como teléfonos móviles, placas base, aparatos de aire acondicionado, etc. Es un residuo peligroso que, si no se gestiona adecuadamente, puede tener graves consecuencias para el medioambiente y la salud humana. Estos dispositivos, cuando se desechan incorrectamente, pueden liberar sustancias tóxicas que contaminan el suelo y el agua.

Un ejemplo del reciclaje de chatarra son las latas de bebidas que tienen un alto índice de reciclabilidad —se llega a hablar incluso de un 100%—[19]. Según datos de la Asociación de Latas de Bebidas[20], en España ya se reciclan más de 7 de cada 10 latas de bebidas. Una de estas puede reutilizarse infinitamente, ya que en el proceso de reutilización no sufre pérdida de peso ni de calidad. Por lo tanto, de una lata reciclada se puede obtener otra nueva que está lista para volver a formar parte del proceso productivo. A este beneficio medioambiental

---

19. Más información en https://n9.cl/cxb2wp.
20. En https://n9.cl/rjm0w.

hay que sumar las mejoras tecnológicas que se han conseguido a lo largo de los años, llegando a reducirse llamativamente la cantidad de material usado para su fabricación y disminuyendo considerablemente su peso en hasta casi un 50%, lo que, a su vez, ha reducido en casi un 40% el consumo de energía necesario para su elaboración. Las latas suelen fabricarse en aluminio y en los últimos años se calcula que se han llegado a reciclar en torno a 120 000 toneladas anuales.

Su proceso de reciclado se consigue por medio de separadores electromagnéticos que las atraen a modo de imán, separándolas del resto de residuos. El contenedor adecuado para el reciclaje de las latas de bebidas es el amarillo, que es el indicado para los envases metálicos, botellas y envases de plástico y *bricks*. Una vez separadas, se limpian y se funden en bloques compactos de aluminio que serán reutilizados para la fabricación de nuevas latas u otros productos de aluminio. De este proceso se deduce que un punto importante para ir creciendo en la aplicación de estrategias de economía circular en los sectores productivos y en la sociedad en general es la separación en origen.

La producción de coches eléctricos, aerogeneradores y paneles solares requiere minerales como el disprosio, neodimio o praseodimio. Como hemos comentado al inicio del capítulo, las tierras raras son muy escasas y se concentran en pocos países, debido a que se trata de materias primas críticas y estratégicas. La transición energética está exigiendo un elevado consumo de materias primas y, al mismo tiempo, Europa produce dos millones de toneladas al año de RAEE[21], lo que equivale a 16,2 kg por persona, la tasa más alta del mundo. Este tipo de residuos contienen metales valiosos que se pueden recuperar y es en este contexto donde surge el proyecto RC-Metals[22], que lidera el CSIC y que tiene como objetivo recuperar los metales contenidos en los residuos electrónicos. Para ello, se está

---

21. Puede consultarse https://n9.cl/vckvfn.
22. Puede leerse https://n9.cl/9t6jj.

construyendo una planta piloto única en Europa (ISASMEL™ F600), en la que, gracias al empleo de procesos con diferentes tipos de tecnologías como la fusión de metales en baño fundido (ISASMELT-GLENCOR), logrará dar una segunda vida a estos metales y fabricar aleaciones de alto valor.

Esta nueva planta de reciclado (figura 9) pretende avanzar el conocimiento científico y tecnológico para contribuir a disminuir la generación de residuos y la importación de materias primas críticas cuya demanda va a ser exponencial en los próximos años. El desarrollo de la infraestructura del proyecto RC-Metals cuenta con financiación del Ministerio para la Transición Ecológica y el Reto Demográfico, el CSIC y la empresa Atlantic Copper. Además, gracias a acuerdos marcos de colaboración, participan también las empresas Albufera Energy Storage, Colorobbia, Tatuine, Clemente Román SL, Técnicas Reunidas, la Universidad de Zaragoza y la Fundación Circe.

FIGURA 9
Planta piloto del proyecto RC-Metals construida en el CENIM-CSIC.

FUENTE: GABINETE DE COMUNICACIÓN DEL CSIC.

La colaboración de entidades, empresas privadas y organismos públicos de investigación en este proyecto es un claro ejemplo de la colaboración público-privado necesaria para avanzar hacia un modelo real de economía circular y a la consecución de los objetivos de desarrollo sostenible.

Otra de las estrategias que está desarrollando la industria metalúrgica está dirigida a los procesos y tecnologías de fabricación. En este sentido, la pulvimetalurgia o metalurgia de polvos[23] está adquiriendo un papel relevante. Este proceso utiliza el polvo metálico (hierro, acero inoxidable, cobre, etc.) como materia prima y se compone de varias etapas:

- Obtención del polvo mediante molienda, atomización, reducción química, etc.
- Mezcla de polvos para obtener la composición deseada que precisa el material final.
- Compactación en un molde para dar la forma deseada.
- Sinterización, etapa en la que el resultado del molde se calienta a una temperatura inferior a la del punto de fusión del metal para permitir la fusión molecular de las partículas metálicas.
- Acabado y tratamientos adicionales.

La pulvimetalurgia se utiliza en la industria aeroespacial, electrónica, médica o automotriz, ya que produce piezas con geometrías complejas y componentes de alta precisión. Desde un punto de vista ambiental, lo mejor de todo es que minimiza el desperdicio de material, que puede ser reutilizado o reciclado. Un ejemplo que materializa este vínculo es la fabricación de contrapesos para ascensores a partir de residuos y subproductos de polvo metálico.

Cabe mencionar que se está dando un paso innovador utilizando el polvo metálico en la fabricación aditiva o impresión 3D. Ambas tecnologías son capaces de producir componentes o elementos complejos y con propiedades mejoradas. Ahora bien, el resultado final depende en gran medida de la

---

23. Más información en https://n9.cl/37opi.

calidad del recurso inicial. Como señala Iñigo Iturriza, director de la División de Materiales y Fabricación del centro tecnológico Ceit-BRTA[24]: "No es posible conseguir piezas de elevadas prestaciones si el polvo metálico tiene defectos como satélites que dificultan su fluidez, porosidad interna por gas atrapado, contenidos de oxígeno u otros elementos". Sin embargo, la impresión es una tecnología emergente y una clara apuesta de la industria 4.0. Es una tecnología capaz de convertir un diseño 3D en un producto sin intervención. Al mismo tiempo, se elimina la necesidad de costosas herramientas, se reduce el procesado, se genera una mayor libertad de diseños, una buena reproducibilidad y se minimiza la generación de residuos, claves que definen la industria del futuro.

Conclusión

Hemos comentado algunas de las medidas que están tomando las empresas de la industria metalúrgica para minimizar su impacto medioambiental, centradas principalmente en:

- La extracción de las materias primas: se están desarrollando tecnologías más eficientes y sostenibles para la extracción de metales, como la minería subterránea y la obtención de minerales de fuentes alternativas, como los mismos residuos reciclados de la industria.
- La mitigación de gases de efecto invernadero: se están desarrollando soluciones como el uso de tecnologías más eficientes y sostenibles, que incluyen la utilización de energía renovable y de materiales reciclados, la implementación de tecnologías de captura y almacenamiento de carbono y de tecnologías de recuperación del calor y la mejora de la eficiencia energética (con la

---

24. Véase https://n9.cl/kzmjn.

utilización de hornos de alta eficiencia y el reciclaje de calor, entre otros), etc.

- La reducción de residuos y el empleo de los mismos como materia prima secundaria: están en desarrollo tecnologías más eficientes y sostenibles para la gestión de residuos, como la utilización de técnicas de reciclaje y la implementación de procesos de producción más eficientes que reduzcan la cantidad de residuos generados, como la fundición por inyección, la pulvimetalurgia, la soldadura por láser, la electrodeposición, etc.

CAPÍTULO 4

La transición hacia la economía circular

¿Progresamos hacia la economía circular?

A pesar de las dificultades de medir la economía circular[25], se han llevado a cabo esfuerzos importantes en este sentido. A continuación, se presentan los indicadores más relevantes: algunos de ellos son indicadores individuales y otros son una síntesis de varios indicadores y, por tanto, más complejos. La idea principal no es calcular un número exacto que resuma el progreso hacia la economía circular (de nuevo, ¿cómo se mide?), sino comprender las tendencias generales sobre si progresamos hacia la economía circular (o no), en qué aspectos progresamos (y en cuáles no). Nos interesa saber si estamos en el buen camino, pues ello puede justificar realizar esfuerzos e intervenciones de política pública adicionales.

Como se ha mostrado en el capítulo 1, la economía circular ofrece múltiples beneficios, no solo ambientales, sino también económicos y sociales. Por lo tanto, es deseable que nuestras economías y sociedades realicen la transición desde el actual sistema lineal de producción y consumo hacia una

---

25. Véase en el capítulo 1 el apartado "¿Cómo se mide la economía circular?".

futura economía circular. Como es beneficioso para todos los actores involucrados, incluyendo las empresas y los consumidores, cabría esperar que el avance hacia la economía circular fuese relativamente rápido, con una automotivación suficientemente alta por parte de dichos actores.

Sin embargo, según datos de la Fundación Circle Economy, este no es el caso. La tendencia es clara y negativa (figura 10). La tasa de circularidad mundial se calculó por primera vez en 2018. En ese año se identificó que, de todos los materiales utilizados en los procesos de producción y consumo, el 9,1% procedía de manera circular de algún uso previo. En el año 2019, esta tasa bajó al 9% y ha continuado reduciéndose en los años siguientes, hasta el 7,2% en 2023.

Figura 10
Evolución de la tasa de circularidad mundial de la Fundación Circle Economy.

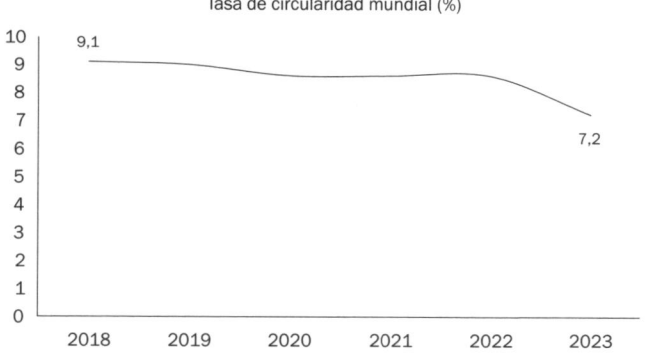

Tasa de circularidad mundial (%)

Nota: Téngase en cuenta que Circle Economy no mide la tasa de circularidad mundial en los años 2021 y 2022, sino que cita en sus respectivos informes la tasa del año 2020 (8,6%).
Fuente: Fundación Circle Economy (2024): *Circularity Gap Report 2018-2023*.

Sin embargo, cuando se utilizan indicadores únicos y simples, hay que tener en cuenta que el diablo está en (la ausencia de) los detalles. Por ejemplo, en 2023, el 25% del total de los recursos utilizados ha sido algún tipo de biomasa. Aunque la biomasa no es un recurso circular en sí mismo porque proviene directamente del medioambiente, sí es un recurso renovable. Por lo cual, no es comparable el uso de biomasa con el uso de minerales extraídos mediante la minería (recursos no renovables), aunque ambas actividades sean no circulares.

Por otro lado, la circularidad se basa en la sustitución de recursos y materiales procedentes del medioambiente por otros procedentes de usos previos (a través de las prácticas R). A su vez, la disponibilidad de recursos y materiales depende de la cantidad de bienes económicos que llegan al final de su vida útil. La Fundación Circle Economy indica que casi el 40% de esos recursos y materiales se destina a bienes que tienen una larga duración, tales como edificios, infraestructuras y maquinaria industrial. Para la fabricación de este tipo de bienes de larga duración se consume sobre todo mucho hormigón, acero, aluminio y cobre. El consumo ocurre al inicio de su vida útil, y durante mucho tiempo no son *circulables* porque siguen en uso. Tan solo al final de su vida útil pueden ser recirculados.

En la actualidad, muchos países en desarrollo realizan considerables actividades de inversión en bienes de larga duración. Dada la longevidad de estos bienes, tardarán aún muchos años en poder ser recirculables. Esta es una de las razones por las que aumenta considerablemente el nivel de extracción de recursos y materiales del medioambiente y la correspondiente reducción en la tasa de circularidad. Según Circle Economy, no existe suficiente material recirculable para satisfacer la demanda. Pero no solo ocurre en los países en desarrollo; los países más desarrollados también realizan inversión en bienes de larga duración, pero de otro tipo. La transición energética, por ejemplo, requiere la fabricación de paneles solares, aerogeneradores y coches eléctricos con baterías, mientras que la transición digital requiere semiconductores, chips de memoria, grandes centros de datos e infraestructuras de fibra de vidrio. Para satisfacer estas demandas no es suficiente con recircular bienes ya existentes (son muy pocos y están en uso) y hace falta la extracción de una gran cantidad de tierras raras, reduciéndose por tanto la tasa de circularidad.

En este contexto, la Fundación Circle Economy hace hincapié en la diferencia entre inversiones a largo plazo (como las de bienes de larga duración) y el consumo más cortoplacista. Ambas actividades generan demandas de recursos y materiales en el corto plazo, pero el impacto medioambiental a medio y largo plazo es muy diferente. Además, Circle Economy prevé que, en algún momento, la demanda generada por la inversión en bienes de larga duración disminuirá, pues ya se habrá creado la mayoría de la infraestructura y la maquinaria necesaria, disminuyendo la demanda por recursos y materiales procedentes de este tipo de actividades. Esto se reflejará en un aumento en la tasa de circularidad mundial.

La Unión Europea recoge sus propios datos relacionados con la economía circular. Los indicadores de circularidad de la UE (nivel europeo) y de la Fundación Circle Economy (nivel mundial) no son directamente comparables, tanto por su diferente ámbito geográfico como por diferencias en la metodología y las fuentes de datos. En 2022, el grupo de los 27 tuvo una tasa de circularidad del 11,5%. En 2010, cuando se empezó a calcular, esta tasa era del 10,7%. El incremento sugiere que, al menos a nivel europeo, sí se está produciendo un cierto avance hacia la economía circular, pero también que este avance es muy lento.

Estos datos también existen a nivel de los Estados miembros de la Unión Europa. En cuanto a la tasa actual de circularidad, los diez países europeos mejor posicionados son Países Bajos (con una tasa de circularidad del 27,5%), seguidos de Bélgica, Francia e Italia. En la cola se encontraría Finlandia (0,7%), seguida de Rumanía (1,4%), Irlanda (1,8%), Portugal (2,6%) y Grecia (3,1%). Con una tasa del 7,1%, España se sitúa en un nivel bajo de circularidad, claramente inferior a la media europea.

Si adoptamos una perspectiva dinámica (temporal), que tenga en cuenta la evolución de las tasas de circularidad en los últimos 22 años, se observa que muchos países han logrado incrementar sus tasas. Se han producido fuertes incrementos en Letonia (450%), Croacia (363%) y Bulgaria (229%). Sin embargo, estas mejoras han tenido lugar desde niveles muy bajos, pues todos estos países tenían tasas de circularidad inferiores al 6% en 2022. Más notable en términos absolutos es el progreso en Malta (285%) y en otros países como la República Checa, Austria, Eslovaquia, Estonia, Bélgica e Italia.

FIGURA **11**

Evolución de la tasa de circularidad en la Unión Europea.

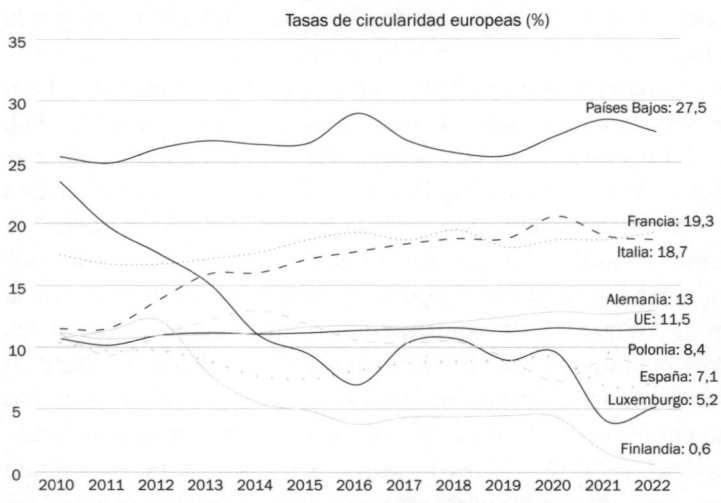

Tasas de circularidad europeas (%)

Países Bajos: 27,5
Francia: 19,3
Italia: 18,7
Alemania: 13
UE: 11,5
Polonia: 8,4
España: 7,1
Luxemburgo: 5,2
Finlandia: 0,6

2010 2011 2012 2013 2014 2015 2016 2017 2018 2019 2020 2021 2022

FUENTE: ELABORACIÓN PROPIA SEGÚN DATOS DE LA COMISIÓN EUROPEA Y EUROSTAT (2024).

En la dirección contraria, varios países han reducido sus tasas de circularidad (Dinamarca, Suecia, Polonia, Rumanía y Luxemburgo), pero, sobre todo, Finlandia (del 10,7 al 0,6%). España se encuentra en este grupo que ha experimentado una reducción en sus tasas (del 10,4 al 7,1%).

De manera más intuitiva, se puede visualizar la situación actual de la economía circular en la Unión Europea en mapas[26]. En el primero (Tasa de circularidad), aquellos países con las

---

26. A través del siguiente código QR pueden visualizarse los mapas sobre la situación de la economía circular en la Unión Europea.

tasas de circularidad más altas representan una especie de núcleo avanzado de la economía circular europea, que se extiende del noroeste al sureste (Países Bajos, Bélgica, Francia, Italia). Alejándose del núcleo, hacia los países más periféricos del continente, se identifican varios estratos, con niveles de circularidad cada vez más bajos. En general, se observa que los países más céntricos tienen tasas de circularidad más altas, y los países del este tienen tasas más bajas que los del oeste. Sin embargo, la *típica* división norte-sur no se ve tan clara en las tasas de circularidad.

La economía circular contribuye al PIB de los países. Como se puede ver en el segundo mapa (Valor añadido de la economía circular), la tasa de circularidad y el valor económico circular añadido al PIB están relacionados. De nuevo, se observa un núcleo europeo, quizás con la excepción de Francia e Italia, que genera menos valor económico circular del que cabía esperar por sus tasas de circularidad altas, y de Austria, que genera más. Los países más periféricos generan menos valor circular, especialmente los situados en el sureste y noreste del continente. La situación en la península ibérica es curiosa: mientras que España cuenta con una tasa de circularidad más alta que Portugal, genera considerablemente menos valor circular que su vecino luso. En todo caso, la contribución de la economía circular al PIB de los países europeos es relativamente baja en la actualidad (por debajo del 2%).

Como se ha descrito en capítulos anteriores, la economía circular tiene el objetivo de *desvincular* las actividades de producción y consumo de la extracción de recursos y materiales del medioambiente, favoreciendo la recirculación de los mismos. El tercer y cuarto mapa (Huella material total y Huella de consumo) ilustran la cantidad de recursos y materiales procedentes del medioambiente que se utilizan en las economías y sociedades europeas. De manera poco sorprendente, en aquellos países europeos con tasas de circularidad bajas, estas huellas se encuentran en niveles considerablemente más altos. Por ejemplo, en los países del este del continente, tanto la huella material total como la huella de consumo son muy altas. Y en los países más céntricos, son más bajas. Pero ambos indicadores no siempre van de la mano. En el norte, las huellas de consumo son muy bajas, pero las huellas totales son altas (las diferencias se atribuyen en su mayoría a la producción). En España, la huella material total es muy baja, pero no lo es la huella de consumo.

Del mismo modo, la economía circular tiene como objetivo eliminar el concepto de residuos a favor de su aprovechamiento como recursos y materiales secundarios. El quinto mapa (Generación de residuos) muestra que aún se generan bastantes en la Unión Europea. Los países del norte generan considerablemente más residuos per cápita que sus homólogos del sur. Curiosamente, esa generación de residuos no siempre está relacionada con las tasas de circularidad. Por el contrario, el reciclaje se corresponde más con la tasa de circularidad (Reciclaje). Los países más céntricos tienen tasas de reciclaje más altas. De nuevo, destaca el eje de la economía circular europea (Países Bajos, Bélgica y, en menor medida, Francia e Italia). Alemania y Austria también cuentan con buenos sistemas de reciclaje que dan lugar a tasas altas. Cabe destacar también la situación en Finlandia, con tasas de reciclajes muy altas.

Como ya se ha mencionado, la economía circular genera beneficios ecológicos y económicos, pero también sociales. La Unión Europea recoge datos sobre el empleo generado en la nueva economía circular. El séptimo mapa (Empleo generado por la economía circular) muestra que este beneficio social es considerable y se distribuye de manera más o menos uniforme en el continente. Son muchos los países europeos donde la economía circular genera puestos de trabajo, sobre todo en los países del centro y del sur.

Por último, la transición hacia la economía circular se ve impulsada por la regulación y las ayudas públicas, aunque sin la acción y las inversiones privadas de las empresas (y de los consumidores) no puede llegarse muy lejos. De hecho, el objetivo para la Comisión Europea es que las inversiones públicas movilicen el capital privado. El octavo mapa

(Inversión privada en la economía circular) muestra cuánta inversión privada se está realizando en la economía circular. De nuevo, los países europeos más céntricos invierten más capital privado que los países del norte, sureste y suroeste. En los países con mayores niveles de inversión privada, esta alcanza el 1,4% del PIB. En los países con una menor inversión de este tipo, esta tasa no llega al 0,4%. No existe ningún país donde no haya inversiones privadas en la economía circular.

La EEEC establece objetivos específicos para España con respecto a la reducción del consumo de materiales, la generación de residuos, el incremento de la reutilización, la eficiencia en el uso del agua y las emisiones de gases de efecto invernadero. Con los datos de Eurostat (figura 12) y del Instituto Nacional de Estadística (INE) (figura 13), es posible identificar si el progreso español hacia la economía circular va por buen camino.

FIGURA 12
Situación de la economía circular en España.

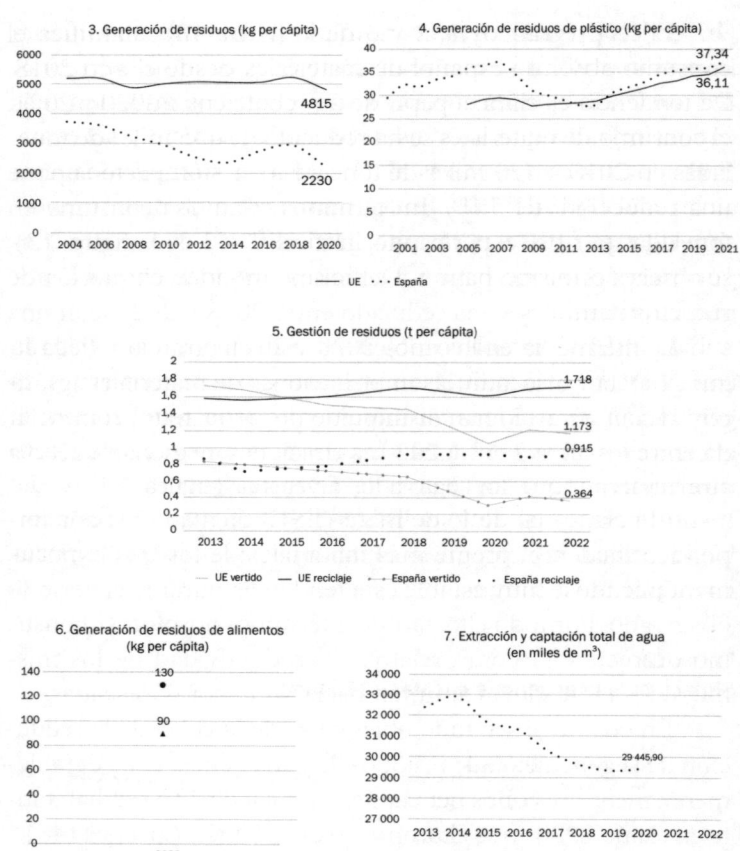

3. Generación de residuos (kg per cápita)

4. Generación de residuos de plástico (kg per cápita)

37,34
36,11

UE · · · España

5. Gestión de residuos (t per cápita)

1,718
1,173
0,915
0,364

UE vertido — UE reciclaje · · España vertido · · España reciclaje

6. Generación de residuos de alimentos (kg per cápita)

130
90

2020

● UE ▲ España

7. Extracción y captación total de agua (en miles de m³)

29 445,90

España (solo hasta 2020)

FUENTE: EUROSTAT/COMISIÓN EUROPEA.

Eurostat (gráficos 1 y 2 de la figura 12) identifica un aumento considerable en la productividad de los recursos en España: entre 2000 y 2023, esta tasa se ha más que duplicado, mientras que en la Unión Europea en su conjunto *solo* ha aumentado en un 45%. La productividad de los recursos española llega a 3,13 €/kg utilizado en 2023, también muy por encima del valor europeo de 2,23 €/kg. Desde el año 2010, la productividad material de España está por encima de la europea.

El INE (gráficos 1, 2 y 3 de la figura 13) cuantifica el consumo absoluto español de materiales desde el año 2018. La tendencia es clara: a pesar de un rebote entre 2020 y 2021, el consumo de materiales se ha reducido de 445 miles de toneladas en 2018 a 420 miles de toneladas en 2022. Esto supone una reducción del 5,6%. En términos relativos (consumo en toneladas por PIB y per cápita, gráficos 2 y 3 de la figura 13), se observa el mismo patrón. Del mismo modo, la extracción de recursos naturales se ha reducido entre 2018 y 2022, con una subida intermedia en los años 2020 y 2021 (gráfico 4 de la figura 13). Por otro lado, las importaciones de materiales (gráfico 5 de la figura 13) han disminuido de forma más pronunciada entre los años 2018 y 2020, y, desde entonces, han vuelto a aumentar, aunque sin llegar a los niveles originales.

El balance del flujo de materiales indica que España importa considerablemente más materiales de los que exporta, manteniéndose muy estable esta tendencia durante el periodo observado. Por todo ello, tanto en términos absolutos (consumo de recursos) como relativos (productividad de los mismos), los indicadores apuntan hacia las mejoras deseadas.

En cuanto al segundo objetivo estratégico, el de la reducción de la generación de residuos, España genera considerablemente menos residuos per cápita (un total de 2230 kg/habitante en el año 2020) que el promedio de la Unión Europea (4815 kg). Mientras que la Unión Europea se ha mantenido relativamente estable, con reducciones muy ligeras entre 2004 y 2020, la reducción ha sido más pronunciada en España, de 3742 (2004) a 2230 kg per cápita (2020) (gráfico 3 de la figura 12). Con respecto a los residuos de plástico (gráfico 4 de la figura 12), los datos no son tan buenos. En España, se observa un aumento de los residuos de plástico que se generan (unos 6 kg per cápita entre 2000 y 2007), seguido por una reducción hasta el año 2014. Después de este año, y hasta 2021 (último año disponible), se observa nuevamente un incremento pronunciado y constante en la generación de residuos de plástico. Desde el mencionado año 2014, la tasa de la Unión Europea evoluciona más o menos en paralelo a la tasa española.

FIGURA 13
Situación de la economía circular en España.

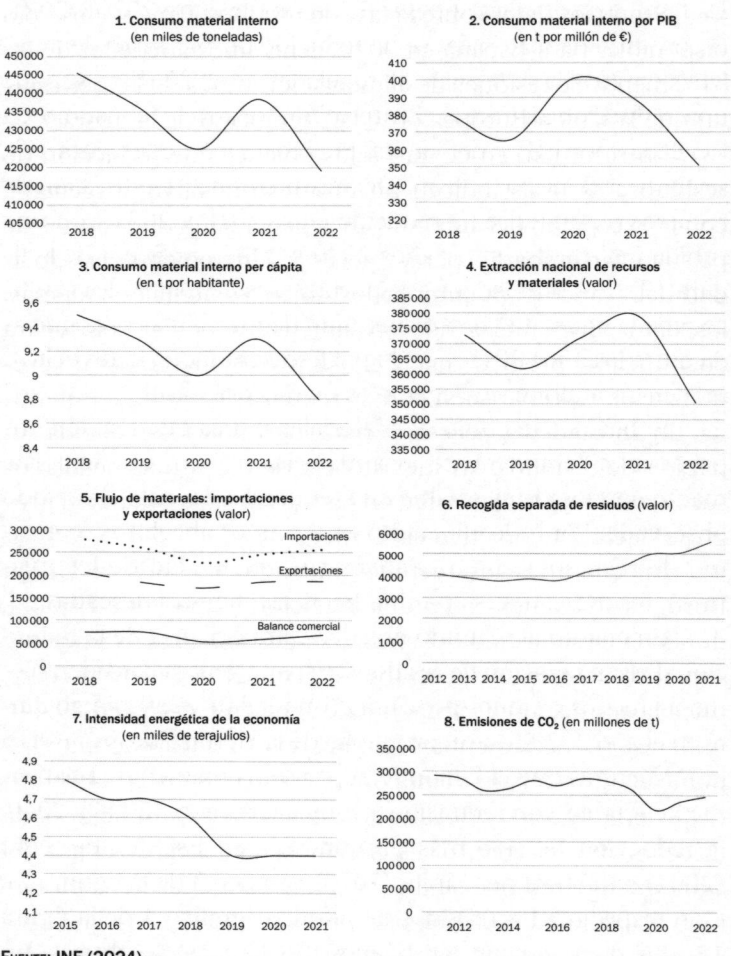

FUENTE: INE (2024).

También en paralelo evolucionan las tasas europeas y españolas de tratamiento de los residuos (gráfico 5 de la figura 12). En concreto, las tasas de vertido se reducen considerablemente. Mientras tanto, las tasas de reciclaje aumentan muy ligeramente pero de manera constante, tanto en España como en la UE. Los datos del INE corroboran esta información (gráfico 6 de la figura 13). Indican que la recogida separada de residuos aumenta de manera constante desde 2015.

Según los datos sobre la tasa de residuos alimenticios, solo disponibles para España en 2020, generamos alrededor de un 31% menos de residuos de alimentación (unos 90 kg per cápita) que la Unión Europea (130 kg) (gráfico 6 de la figura 12). En resumen, en cuanto a los objetivos de reducción de residuos, las tasas indican un progreso positivo en general, con la excepción del aumento en la generación de residuos de plástico. Sin embargo, parece necesario incrementar la velocidad del avance para cumplir los objetivos actuales. Además, los datos disponibles no son suficientes por sí solos para cuantificar el progreso hacia el objetivo de incrementar la reutilización y preparación para la reutilización aunque, sin duda, un antecedente necesario para lograrlo es la recogida separada de residuos. La inexistencia de datos más detallados sobre residuos de alimentación hace imposible evaluar el progreso hacia este objetivo específico.

En cuanto a los recursos hídricos, no toda la Unión Europea se encuentra en una situación como la de España, donde la circularidad del agua y su gestión eficaz y eficiente son absolutamente claves. En este contexto, Eurostat cuantifica la extracción y captación de agua en España en 29 446 millones de metros cúbicos en el año 2020 (último año disponible), por debajo de máximos históricos en 2014 (gráfico 7 de la figura 12). Aunque estos datos no indican nada directamente en cuanto a la eficiencia o eficacia en el uso del agua, sí sugieren que se utiliza cada vez menos agua en términos absolutos. Sin embargo, muchas pueden ser las razones para ello, incluido el tiempo y clima. No se recogen datos a nivel de toda la UE.

Los objetivos de reducción de emisiones de gases de efecto invernadero, y específicamente de CO_2, no son estrictamente objetivos de circularidad, sino de sostenibilidad más general, aunque, desde luego, dichos ámbitos están muy relacionados. Los datos del INE (gráfico 7 de la figura 13) demuestran, por un lado, que la economía española consigue reducir su intensidad energética de forma muy considerable. Desde 2015, con 4,8 miles de terajulios, se produjo una disminución considerable hasta 2019 y, desde entonces, esta cifra se ha estabilizado en 4,4 miles de terajulios. Por otro lado, las emisiones de CO_2 también se reducen (gráfico 8 de la figura 13), pero no de forma tan clara y rápida. Entre los años 2011 y 2018, las emisiones de CO_2 han oscilado entre 250 y 300 millones de toneladas al año. Entre 2018 y 2020 disminuyeron, y las emisiones de CO_2 se situaron por primera vez por debajo de los 250 millones de toneladas (concretamente, 219 millones en 2020). En los dos años posteriores, las emisiones han vuelto a subir de nuevo, aunque siguen estando por debajo de los 250 millones de toneladas, lo que sugiere que existe un claro margen de mejora.

Por tanto, teniendo en cuenta los datos anteriores, estamos en disposición de responder a la pregunta: ¿progresamos hacia la economía circular? La respuesta no es un *no rotundo*, pero tampoco es un *sí claro*. Es un *depende*: de dónde geográficamente y también del aspecto concreto de la economía circular que consideremos.

A nivel mundial sí parece que no progresamos hacia la economía circular, debido al creciente consumo de materias primas, sobre todo dedicado a los bienes de larga duración. Algunos datos indican que podría tratarse de un fenómeno transitorio y que, en algunos años (cuando se haya construido la infraestructura y maquinaria deseada) se observarán aumentos en la tasa de circularidad mundial.

En cambio, en la Unión Europea sí se observa un progreso generalmente positivo, aunque lento, hacia la economía circular. No obstante, sigue habiendo aspectos que no mejoran, o incluso empeoran, sobre todo los relacionados con la generación y gestión de residuos. Además, existen importantes diferencias entre países, pues unos han progresado considerablemente más que otros. Muchos factores pueden influir en esta evolución. Existen diferencias estructurales sustanciales entre las economías europeas. Además, los sistemas y procesos circulares, como por ejemplo el reciclaje, pueden diferir mucho entre países. Y existen diferencias en las políticas públicas utilizadas para el fomento de la transición de la economía lineal a la circular[27].

En España destaca un nivel de consumo de recursos naturales y materias primas cada vez más eficiente, la disminución de la generación de residuos (excluyendo el plástico) y mejoras en la gestión de los residuos (sobre todo una disminución de la tasa de vertido). Asimismo, España es uno de los países donde relativamente más puestos de trabajo se están generando en la nueva economía circular. Pero, por otro lado, la huella de consumo sigue siendo alta y la tasa general de circularidad es baja.

Se puede concluir entonces que los avances hacia la economía circular son modestos, incluso a pesar de la importancia política y empresarial que se está atribuyendo al tema. Es posible que los considerables esfuerzos realizados por muchos países en el pasado reciente tarden aún un poco más en materializarse. También es posible que el progreso no se esté midiendo en su totalidad, dada la ausencia de indicadores adecuados de procesos circulares en niveles jerárquicos altos, como los de rechazar, reducir, reutilizar y otros, que podrían tener un impacto muy alto en la transición hacia la economía circular.

En todo caso, una transición se parece más a una maratón que a un *sprint*. Consiste en miles de acciones individuales que suman a lo largo de un periodo dilatado de tiempo. En el caso de la economía circular, parece que se está produciendo este cambio institucional, que es el antecedente necesario para lograr la transición circular: los consumidores y las empresas son cada vez más conscientes de su impacto ambiental y de la posibilidad de incrementar la sostenibilidad mediante la circularidad. El cambio resultante en sus preferencias y su comportamiento, unido al apoyo de las políticas públicas,

---

27. En estos temas profundizan los apartados del capítulo 4: "¿Cuáles son los determinantes y barreras a la economía circular?" y "¿Qué pueden hacer los Gobiernos para promover la economía circular? ¿Qué se está haciendo?".

puede traducirse en un progreso más significativo hacia la economía circular en los próximos años.

¿Cuáles son los determinantes y barreras a la economía circular?

Los determinantes y barreras a la economía circular

Un aspecto clave en la transición hacia una economía circular es la identificación de los obstáculos que la dificultan y los factores que la favorecen. Comprender estos elementos permite diseñar políticas públicas eficaces que impulsen esos factores y reduzcan las barreras, acelerando así el cambio hacia un modelo más sostenible y eficiente.

Las barreras a la economía circular se han agrupado en dos amplias categorías, utilizando diferentes criterios (por ejemplo, barreras internas y externas a la empresa o barreras *fuertes*, relativas a la propia disponibilidad de tecnologías circulares y *suaves*, relativas a las preferencias de los consumidores). Sin embargo, parece más interesante, por su conexión potencial con políticas públicas de promoción, clasificar los determinantes y barreras en categorías más específicas. De hecho, esto es lo que hacen la mayoría de los autores (tabla 3).

TABLA 3
Clasificación de las barreras en distintos estudios.

ESTUDIO	CLASIFICACIÓN DE LAS BARRERAS
Mishra *et al.* (2022)	8 barreras (financieras, relativas al conocimiento y habilidades técnicas, estratégicas, de mercado, culturales, tecnológicas y regulatorias).
Melati *et al.* (2021)	Barreras técnicas, financieras, sociales, institucionales y falta de apoyo regulatorio.
Govindan y Hasanagic (2018)	39 barreras, agrupadas en 8 categorías (relativas al gobierno, cuestiones económicas, cuestiones tecnológicas, cuestiones relativas al conocimiento y habilidades técnicas, al mercado, a la gestión interna de las empresas), a condiciones marco (ausencia de un modelo de negocio exitoso para implantar la economía circular en la cadena de valor, no inclusión de las necesidades de la cadena de valor) y cuestiones sociales y culturales.
Feldman *et al.* (2023)	Consideran 21 barreras para la economía circular.

ESTUDIO	CLASIFICACIÓN DE LAS BARRERAS
Khan *et al.* (2022)	Clasifican los 15 determinantes y las 13 barreras que identifican en su estudio en internos y externos.
Holly *et al.* (2023)	Identifican 57 desafíos clave, que agrupan en 10 categorías, 6 de las cuales son desafíos internos que ocurren dentro de la empresa (por ejemplo, barreras relativas a la estrategia de la empresa o barreras financieras o tecnológicas), mientras que los otros 4 son desafíos que la empresa afronta pero que son externos a ella (tales como barreras a la cooperación o barreras relativas al marco regulatorio).
Aljaber *et al.* (2023)	25 barreras específicas, que clasifican en 16 subcategorías y 6 categorías (barreras de concienciación/conocimiento, técnicas, económicas y de mercado, relativas a la infraestructura y la gestión, relativas al apoyo público y sociales).
Rizos *et al.* (2015)	Mencionan la cultura ambiental, barreras financieras, falta de apoyo gubernamental y una legislación eficaz, falta de información, elevada carga administrativa, falta de habilidades técnicas y falta de concienciación ambiental de los suministradores o los consumidores.
Kirchherr *et al.* (2018)	15 barreras, que se agrupan en 4 categorías (culturales, regulatorias, de mercado y tecnológicas).
De Jesus y Mendonça (2018)	4 grandes grupos de determinantes y barreras (técnicas, económicas/ financieras/de mercado, institucionales/regulatorias y sociales/culturales), que a su vez se incluyen en 2 grandes categorías de factores (fuertes y suaves).
Van Eijk *et al.* (2015)	Consideran barreras institucionales/organizativas, culturales/de concienciación, políticas y regulatorias, acceso a financiación y tecnológicas/económicas/ relativas a la infraestructura.

FUENTE: ELABORACIÓN PROPIA.

A continuación, se describen las diferentes barreras a la economía circular propuestas en la literatura académica, resumidas en la tabla 3.

Barreras tecnológicas. Algunas barreras tienen que ver con la disponibilidad de la tecnología circular o con su calidad. Muchos autores lo atribuyen a la disponibilidad limitada o baja calidad de los productos y materiales reciclados (real o percibida). A su vez, esto influiría en que, por ejemplo, las empresas prefieran utilizar materias primas vírgenes en sus procesos de producción y en que los consumidores puedan ser reacios a consumir o utilizar productos reciclados. Debe tenerse en cuenta que la sociedad está acostumbrada a las tecnologías lineales, lo que genera mucha inercia a utilizar los productos y tecnologías lineales existentes y no aventurarse a *lo nuevo* circular. A menudo, los productos disponibles en el mercado no están diseñados para ser reutilizados o reciclados. Por otro lado, la complejidad de los productos provoca que su recogida y reutilización sea a veces un desafío, pues puede hacer más difícil gestionar la calidad de los productos fabricados con materiales recuperados. Otro de los problemas que se ha apuntado en la literatura ha sido la ausencia de estándares de calidad en los productos renovados, lo que provocaría que esta no fuera alta. Otros mencionan importantes desafíos para el ecodiseño, es decir, para el diseño de productos que puedan luego ser reutilizados, renovados o reciclados al finalizar el uso para el que estaban concebidos. Por todo lo anterior, puede resultar difícil introducir tecnologías o prácticas nuevas.

Sin embargo, por otro lado, las barreras tecnológicas relativas a la disponibilidad de tecnologías y prácticas R no son consideradas como una restricción importante a la economía circular para muchos autores en la literatura académica. De hecho, para algunos, la disponibilidad de tecnologías que faciliten la optimización de los recursos, la remanufacturación y la regeneración de los subproductos para que puedan ser el insumo de otros procesos es considerada como un determinante a la economía circular. Y lo mismo ocurre con el desarrollo de prácticas que consisten en compartir productos (por ejemplo, compartir coche) o modelos de negocio basados en el suministro de un servicio, no de un producto.

Barreras económicas/de mercado. A nivel general, existen dos barreras económicas esenciales para la economía circular que están, a su vez, relacionadas: la inercia y a la falta de internalización de las externalidades ambientales de las prácticas productivas lineales en el precio de los productos.

En efecto, por un lado, las economías actuales están todavía basadas en un modelo lineal de producción y consumo, en el que los recursos se extraen, transforman y desechan. Las inversiones iniciales necesarias para adoptar prácticas, tecnologías y modelos de negocio circulares que sustituyan el modelo lineal pueden ser cuantiosas, lo que supone un obstáculo muy considerable. Cuando de lo que se trata es de implantar la economía circular en toda la cadena de valor, y no solo en una única empresa, los cambios son considerables y especialmente cuantiosos para las pequeñas empresas. Además, requieren de la coordinación y cooperación entre empresas pertenecientes a diferentes fases de dicha cadena[28]. Por tanto, pueden existir incentivos económicos débiles para que las empresas implementen la circularidad, en particular en la cadena de valor, e implicar elevados costes con beneficios modestos a corto plazo. Esto genera una inercia natural a que nada cambie.

Por otro lado, existen fallos de mercado. El más importante es la falta de internalización de las externalidades ambientales negativas causadas por las tecnologías lineales frente a las tecnologías circulares que son menos dañinas para el medioambiente. Es decir, a menudo, el mayor daño ambiental causado por las prácticas lineales con respecto a las circulares no se refleja en el precio de los bienes producidos con prácticas lineales. Esto provoca que estas tengan una menor competitividad que si esas externalidades se internalizaran (por ejemplo, a través de un impuesto a las materias primas vírgenes utilizadas o a los residuos generados). Por tanto, en ausencia de dicha internalización, la señal de precios de los productos no fomenta el uso eficiente de los recursos (pues no existen incentivos a utilizar los materiales de manera más eficiente) ni, en general, la transición hacia la circularidad (pues, cuando los recursos son más caros porque se han internalizado las externalidades, existe un incentivo añadido a reutilizar y reciclar los materiales).

El bajo precio de las materias primas vírgenes suelen también mencionarse como un desincentivo a la circularidad, aunque algunas de estos han experimentado un importante incremento recientemente (níquel, cobalto, litio, cobre, tierras raras, etc.) (Bastianín *et al.*, 2025). Algunos mencionan el mayor coste de los materiales reciclados, que puede estar relacionado con el hecho de que deben recogerse, lo que evidentemente implica un gasto, aunque también tiene costes extraer

---

28. Véase "Organizativas/gestión" más adelante.

materias primas vírgenes. En ocasiones, la literatura menciona también que algunos materiales reciclados tienen una calidad baja o que los productos circulares pueden tener un mayor precio que los lineales. Una barrera muy relevante en este contexto es la financiera. Como se ha mencionado, la economía circular puede exigir grandes inversiones iniciales, que obviamente deben financiarse. Por tanto, la empresa debe disponer de la suficiente capacidad de financiación. Sin embargo, la financiación para las inversiones circulares puede ser limitada. De nuevo, esta limitación derivada de la necesidad de financiar las inversiones circulares puede implicar un obstáculo mayor para empresas pequeñas.

No obstante, es importante tener en cuenta que también existen tendencias, como el mencionado incremento en los precios de los recursos, que pueden actuar de determinantes económicos para la transición circular.

Barreras regulatorias e institucionales. Estas barreras tienen diferentes dimensiones. Algunas son regulatorias como tal y otras tienen que ver con la ausencia de apoyo público. En efecto, para algunos autores, muchas regulaciones han favorecido en el pasado, o actualmente, una economía lineal, lo que dificulta la actividad de las empresas que tienen modelos de negocio circulares. Por ejemplo, este sería el caso de regulaciones que prohíben el uso de materiales reciclados en determinados productos o de regulaciones de gestión de residuos que no priorizan el reciclaje.

Quizás más relevante sea la ausencia de apoyo público, que tiene varias dimensiones. El problema tiene que ver tanto con la ausencia de objetivos y condiciones marco que deberían establecerse por los Gobiernos para fomentar una economía circular como con la ineficacia de los instrumentos concretos para incentivarla. Por ejemplo, la literatura menciona como un obstáculo importante la ausencia de una clara visión nacional sobre los objetivos, estrategias, planes o indicadores con respecto a la economía circular. Por otro lado, con respecto a los instrumentos concretos, se ha mencionado que, en ocasiones, los Gobiernos no promulgan regulaciones que apoyan las prácticas, tecnologías o modelos de negocio circulares o no penalizan aquellos que no son circulares, o que los instrumentos adoptados no son apropiados para fomentar la circularidad, por lo que no cumplen el objetivo de avanzar hacia esta. Tan importante como promulgar regulaciones de apoyo a la economía circular es aplicarlas y vigilar su aplicación. Ciertos analistas consideran que no solo es que no se hayan promulgado regulaciones para apoyarla, es que en ocasiones su aplicación ha sido inadecuada o no se han adoptado instrumentos para analizar y garantizar la eficacia de los instrumentos utilizados.

Finalmente, la adaptación del marco institucional existente a la economía lineal, que se manifiesta en distintos aspectos (percepciones, reglas del juego, sistema legal...) puede generar una fuerte barrera a la economía circular. La inercia institucional con frecuencia juega un papel fundamental de resistencia al cambio. Algunos autores sitúan esta inercia en la influencia de actores clave y muy poderosos, con grandes intereses en el *statu quo*. Por ejemplo, aquellas empresas que no puedan adaptarse a una economía que pone un precio a las externalidades ambientales o que elimina las subvenciones al uso de determinados recursos pueden sufrir el riesgo de desaparecer, lo que provoca que se resistan a la aplicación de normas que vayan en ese sentido. Sin embargo, la creciente promulgación de legislación circular, que actúa como un importante determinante de la circularidad, sí parece estar generando ese cambio institucional.

Barreras culturales y sociales. Una barrera que se ha demostrado muy relevante en los estudios realizados es la relativa a los consumidores. Suele mencionarse que muchos consumidores y ciudadanos en general conocen poco los beneficios ambientales de la circularidad o no han estado dispuestos a pagar una cantidad adicional para adquirir productos circulares (frente a los lineales). Por un lado, la falta de conocimiento puede estar relacionada con la ausencia de información por parte de los consumidores sobre el origen de los productos. Muchas personas desconocen qué es la economía circular y cuáles son sus potenciales beneficios para el medioambiente y la economía. A veces se trata de una percepción equivocada de las cosas. Por ejemplo, en muchas ocasiones, los consumidores han cuestionado la calidad de los productos renovados. Esta falta de ganas de utilizar productos usados desincentiva que haya empresas que remanufacturen o renueven los productos. Esto puede estar cambiando poco a poco, pero en todo caso es necesario acelerar el cambio.

Puede existir un elemento de inercia en el sentido de rigidez en el comportamiento de los consumidores, de forma similar a lo que ocurre con las barreras tecnológicas, económicas e institucionales, pues los ciudadanos estamos hasta cierto punto adaptados a (o bloqueados en) *lo que hay*. Es decir, en general, los consumidores estamos acostumbrados al actual modo de pensar del modelo de economía lineal, en el que los productos se diseñan para ser utilizados una sola vez y luego se desechan, y rechazan cambios en esta forma de proceder. Esto da lugar a barreras culturales y de comportamiento a la transición circular que pueden mitigarse con los incentivos adecuados. Por ejemplo, en España no existe un sistema circular de recogida y reutilización de botellas de plástico como en otros países europeos. Los consumidores españoles estamos acostumbrados a tirar a la basura (de plástico) las botellas vacías. En Alemania, por ejemplo, los consumidores llevan las botellas de plástico vacías a las tiendas donde se han comprado, para recuperar el depósito de 25 céntimos que se ha añadido previamente al precio de compra. Si en España se introdujera un sistema similar, los consumidores tendríamos un incentivo a cambiar nuestros hábitos de comportamiento.

No obstante, dichas barreras pueden estar cambiando, y el conocimiento sobre la economía circular y sus beneficios puede haberse incrementado, lo que podría dar lugar a cambios en las preferencias de los consumidores hacia prácticas, tecnologías y modelos circulares, como los que están basados en los servicios en lugar de estar basados en la propiedad de los productos. Aún es pronto para afirmarlo.

Organizativas/gestión. Las empresas son el auténtico motor de la economía circular. Por tanto, sus condiciones organizativas y de gestión influyen de forma determinante en la adopción de prácticas circulares. Se trata de querer y poder cambiar. Por un lado, puede existir una falta de concienciación por parte de las empresas sobre la urgencia de una transición hacia la economía circular o estas pueden no ser conscientes de los beneficios económicos que pueden obtener en esa transición. Esto es más improbable en las empresas grandes que en las pequeñas. Una cultura empresarial no orientada al cambio es un obstáculo relevante para la circularidad. Lógicamente, la falta de liderazgo o una pobre gestión empresarial incrementan la posibilidad de desinterés en la economía circular.

Además del desinterés explícito de los gestores empresariales, pero relacionado en cierta forma con ello, existen otras barreras internas importantes a la economía circular. Estas son, por ejemplo, una estructura organizativa rígida o una falta de visión a largo plazo, influida por el hecho de que los accionistas tienen objetivos a corto plazo (maximizar los beneficios cuanto antes), que obviamente influyen en esa visión y estrategia empresarial. Esto puede ser incompatible con las estrategias circulares, cuyos beneficios se hacen sentir sobre todo a más largo plazo, mientras que los costes se incurren, fundamentalmente, a corto plazo. Sin embargo, algunos autores observan un cambio hacia una visión a de largo alcance de los grandes inversores en muchas partes del mundo.

Para modificar la cadena de valor hacia la circularidad es necesario que las empresas estén dispuestas a implicarse con otras empresas y actores. En este sentido, existen considerables desafíos organizativos relativos a toda la cadena de valor, por ejemplo, para coordinar la recogida, separación y procesamiento de flujos de residuos en los modelos de negocio circulares. No es suficiente con cambios en una empresa determinada, sino que se requieren también cambios en otras empresas que ejercen su actividad en fases distintas de la cadena de valor. Y estos cambios deben llevarse a cabo de manera simultánea y coordinada, es decir, a veces no depende solo de lo que decida una empresa. Por ejemplo, puede ser necesario desarrollar un sistema de recogida de desechos de otras empresas. Estas modificaciones implican un cambio organizativo considerable, pues no son ni sencillas ni baratas ni inmediatas. De hecho, la falta de entusiasmo en la cadena de valor sobre la economía circular es mencionada a menudo como una barrera importante, pues pueden existir otras prioridades para los gestores empresariales. Por tanto, puede haber una ausencia de estímulos para mejorar el rendimiento a lo largo de todas las fases del proceso productivo, que puede implicar a diferentes sectores, como consecuencia de que los incentivos a la transformación y la capacidad de cambio no están alineados entre actores en las cadenas de valor.

Habilidades técnicas e información/conocimiento. La economía circular implica la adopción de modelos de negocio, prácticas y tecnologías diferentes a las que se utilizan en la economía lineal. Por ello, la sustitución de una economía lineal por otra circular exigirá también habilidades técnicas y tipos de conocimiento diferentes por parte de los empleados. Por tanto, la ausencia de estas habilidades técnicas en las empresas puede ser una barrera importante en la transición a la circularidad. Este problema puede tener una incidencia mayor en las pymes, pues estas suelen tener menores recursos materiales, físicos, financieros y humanos para llevar a cabo los cambios tecnológicos necesarios para la circularidad. La falta de habilidades técnicas no solo está relacionada con la fase de la producción de bienes circulares, sino también con el propio diseño de los mismos. Pero tiene que ver también con prácticas concretas, por ejemplo, la reparación y la reutilización. Esta necesidad de nuevas habilidades técnicas puede requerir un apoyo técnico y un entrenamiento que no siempre se presta.

Un aspecto importante dentro del conocimiento necesario para la circularidad es la falta de información para las empresas y el público en general, lo que dificulta la adopción de prácticas circulares y, en particular, la reutilización y el reciclaje de los productos. El conocimiento de los consumidores sobre productos que han incluido prácticas circulares no es siempre adecuado. Se ha mencionado como barrera relativa a la información la ausencia de un sistema estandarizado de indicadores sobre la medición de la economía circular en cadenas de valor, así como información adecuada sobre la existencia de materiales en la cadena de valor que pueden reciclarse. La ausencia de un sistema de información dificulta el intercambio de desechos y materiales entre actores. Por ejemplo, ¿cómo sabemos dónde están los restos de productos desechados y cómo recogerlos y distribuirlos? Las plataformas circulares ayudan a corregir este problema[29].

Infraestructura. Aparte de diferentes conocimientos y habilidades técnicas, la adopción de prácticas circulares supone cambios en la cadena de valor que implican a diferentes actores e incluso la necesidad de infraestructuras de apoyo, por ejemplo, para la recogida de los productos que van a ser reciclados, reutilizados o reacondicionados. Las barreras logísticas a la economía circular surgen de que la actual infraestructura no está diseñada para cerrar los ciclos de materiales.

Como en otras barreras, aquí también existe un elemento de inercia, es decir, el efecto de bloqueo al cambio que supone la existencia de las infraestructuras existentes, adaptadas a una economía lineal, no circular y la inversión que supone sustituirlas. En efecto, la actual infraestructura de gestión de residuos está construida sobre la base de un modelo lineal en el que los materiales se desechan en lugar de reutilizarse. Para que exista una economía circular, la infraestructura para recoger, separar y procesar los residuos debe reconfigurarse. Por tanto, la falta de inversión en infraestructura de

---

29. Véase el apartado "Instrumentos para la circularidad" en este capítulo.

reciclaje y recuperación puede considerarse una importante barrera a la economía circular.

Finalizamos este apartado observando que, obviamente, algunas de las barreras individuales mencionadas pueden adscribirse a varias categorías; es decir, existe cierto solapamiento entre algunas barreras. Además, unas probablemente influyan en otras, cuestión sobre la que abundaremos en un apartado posterior. Debe tenerse en cuenta que algunas de estas barreras son específicas a la investigación realizada en un país determinado, pero no necesariamente tienen por qué ocurrir en otros contextos.

¿Qué barreras a la economía circular han sido más importantes?

Tan relevante como detectar las posibles barreras a la economía circular es identificar su importancia. En otras palabras, podríamos hacernos la siguiente pregunta: ¿qué dice la literatura científica sobre cuál ha sido el mayor obstáculo para la implantación de prácticas y tecnologías circulares en las empresas? Responder a esta cuestión es clave para adoptar políticas que mitiguen o eliminen esas barreras. Sin embargo, resulta difícil contestarla de forma rotunda, inequívoca y con pretensión de generalidad, es decir, con independencia del contexto (país, región, municipio, sector, etc.) que estemos analizando. No existe un estudio que haya investigado a nivel mundial cuáles son esas barreras de todas las empresas. Por el contrario, el método de análisis se ha basado en la realización de encuestas en países concretos. Obviamente, las condiciones económicas, institucionales, políticas y culturales son muy diferentes en diferentes países y, por tanto, lo que puede ser un obstáculo muy severo en un país no necesariamente tiene que serlo en otro. Por tanto, sacar conclusiones generales parece un poco arriesgado.

No obstante, la revisión de la literatura realizada por los autores de este libro y por otros estudios sí permiten concluir, con las reservas mencionadas, que las barreras internas a la empresa, las relativas a la falta de concienciación de los consumidores y las económicas (altos costes de inversión) han jugado un papel primordial, mientras que las políticas públicas han sido un incentivo importante para la circularidad. Pero detrás de esta conclusión general hay que tener en cuenta tanto las diferencias territoriales como las sectoriales. Estas diferencias pueden ser muy relevantes e influir en el incentivo a adoptar determinados procesos R. Por ejemplo, sectores más cercanos a la demanda final, como el textil (moda), pueden verse más influidos por la concienciación ambiental de los consumidores y su posible preocupación por los impactos ambientales negativos de los procesos productivos. Por tanto, pueden percibir más presión a la adopción de prácticas empresariales sostenibles, como son las relativas a la economía circular. Este puede no ser el caso en sectores que destinan la mayor parte de su producción a fabricar otros bienes que son adquiridos y utilizados por otras empresas (sectores de bienes intermedios), que pueden no percibir esa influencia con igual intensidad (aunque sí la de sus suministradores y también la de sus compradores, si el objetivo es formar parte de una cadena de valor más sostenible). Además, quizás no todos los sectores estén expuestos al mismo nivel de rigurosidad de la regulación ambiental, estando algunos más fuertemente regulados. Por tanto, las empresas que pertenezcan a estos sectores tendrán, en cierta medida, una mayor presión e incentivo a adoptar prácticas circulares.

Por otro lado, tampoco las empresas son homogéneas, ni en su percepción de la problemática ambiental ni en su exposición a las demandas de los actores sociales ni en su capacidad económica o tecnológica para afrontar los cambios necesarios para adoptar prácticas circulares (las R). Una distinción más relevante en este sentido es entre empresas grandes y pequeñas. Uno de los hallazgos con un mayor consenso en la literatura de la innovación ambiental (ecoinnovación) es que, como ya se ha mencionado, las grandes empresas tienen los recursos físicos, económicos, tecnológicos y humanos suficientes para abordar las, en ocasiones, cuantiosas inversiones que se requieren y llevar a cabo los cambios necesarios para implantar las R. Con frecuencia, este no es el caso de las pequeñas empresas. Los recursos y capacidades internas de las empresas juegan un papel fundamental como determinante de la adopción y, en este caso, las pequeñas empresas parecen estar peor dotadas que las grandes. Tampoco las barreras a diferentes tipos de prácticas R son las mismas. Probablemente, unas impliquen profundos cambios internos en la empresa o mayores inversiones o la existencia de más y mejores capacidades internas, lo que sugiere que solo algunas pueden llevarse a cabo por parte de las empresas que tienen más recursos humanos o financieros, es decir, las grandes. La literatura de ecoinnovación ha mostrado que las tecnologías a adoptar difieren en su grado de complejidad e impacto en los procesos productivos de las empresas. Así, algunas se pueden añadir fácilmente a los procesos existentes (las denominadas incrementales), sin modificar estos de manera sustancial. En el caso más extremo, a estas tecnologías se las ha denominado añadidas. Por el contrario, algunas tecnologías implican modificaciones considerables en la empresa (tecnologías radicales). En el caso de la economía circular, el rediseño del proceso productivo sería un buen ejemplo.

En todo caso, la distinción entre radical e incremental no es de *sí* o *no*, sino que implica grados. Pero más allá de la identificación del grado de radicalidad de una determinada tecnología circular o R, lo verdaderamente relevante son las implicaciones prácticas. Existe un consenso acerca de la dificultad de implantar los cambios tecnológicos más radicales, lo que supone la existencia de una cierta inercia a mantener el *statu quo* o, lo que es lo mismo, a adoptar modificaciones de bajo nivel de circularidad (es decir, las R de menor nivel). Esto provoca que las políticas públicas sean más necesarias para las R de mayor nivel.

La perspectiva sistémica de las barreras a la economía circular

¿Tiene sentido analizar los obstáculos a la transición circular considerando únicamente empresas individuales y barreras aisladas? La respuesta es que no, y esto apunta a la necesidad de un nuevo enfoque de investigación, el sistémico, en el análisis de dichos obstáculos.

Poner el foco de atención en las empresas es adecuado, pues junto con los consumidores/ciudadanos son estas las principales protagonistas de la economía circular, ya que son ellas las que llevan a cabo las inversiones necesarias para adoptar las R. Sin embargo, no es suficiente por varias razones. En primer lugar, la circularidad completa a nivel macro o la adopción de prácticas de alto nivel implican que será necesario llevar a cabo medidas a lo largo de toda la cadena de valor, y no solo en empresas concretas independientemente del resto. Incluso si una empresa ha decidido involucrarse en la economía circular, eso no significa necesariamente que su cadena de valor esté también dispuesta a hacerlo. Por tanto, se necesita que se evalúe y se rediseñe la cadena de valor entera. En una revisión reciente de la literatura, Kirchherr *et al.* (2023) descubrieron que, en los últimos años, algunos académicos han insistido en que la economía circular requiere un cambio sistémico, particularmente con respecto a las cadenas de valor existentes. Esto implica la necesidad de un cierto nivel de colaboración entre empresas y, por tanto, una perspectiva más allá de empresas concretas, centrada en las relaciones interempresariales. Además de las empresas, muchos son los actores sociales relevantes para llegar a una economía circular. Esta transición debe implicar a todos los actores de la sociedad y, por supuesto, a empresas, pero también a consumidores/usuarios, la sociedad civil, comunidades locales y poderes públicos. Pero una perspectiva centrada únicamente en empresas reduce la visibilidad de la importancia que los otros actores tienen en el proceso de transición hacia la circularidad.

Una razón adicional para complementar el análisis de las barreras a la economía circular a nivel de empresa con una perspectiva sistémica es que esta permite identificar la interdependencia e interrelación entre barreras que dificultan la transición circular. En efecto, aunque poner el foco de atención sobre las barreras individuales tiene un indudable interés científico y práctico, al sugerir posibles puntos de intervención pública, puede oscurecer el hecho de que esas barreras interactúan entre sí, lo que puede agravar el efecto de una barrera considerada individualmente.

En este sentido, Kemp *et al.* (2014) proponen moverse más allá de la noción de *barrera* como algo concreto que puede eliminarse de forma individual con un instrumento específico. Consideran que, en la mayoría de los casos, las barreras se parecen más a una red compleja de restricciones que incluyen patrones de comportamiento individual e institucional, inercia y conexiones directas e indirectas entre los niveles institucionales, sociales e individuales. Esto refuerza la importancia de adoptar un enfoque sistémico y dinámico en el análisis de los obstáculos a la transición circular. En contraste con la atención prestada a las barreras individuales a nivel micro, dicho análisis sistémico es muy minoritario e incipiente.

Más allá de disquisiciones académicas sobre la importancia de analizar barreras a un nivel u otro, una implicación práctica de lo anterior es que el diseño de una estrategia que fomente la transición circular exige cambios sistémicos que operan a diferentes niveles, lo que incluye modelos de negocio, patrones de consumo, instituciones, regulación y discursos (Kemp *et al.*, 2014). La economía circular exige un cambio sistémico con acciones paralelas a lo largo de la cadena de valor en lugar de un enfoque centrado únicamente en un sector o producto.

En particular, el enfoque sistémico permite identificar fuentes de inercia sistémica (estructural) que impiden la transición hacia una economía circular. Una de las manifestaciones más perniciosas de las barreras sistémicas es el denominado bloqueo o *lock-in*. Este puede manifestarse a nivel de prácticas concretas; por ejemplo, la adopción por parte de las empresas de unas prácticas R de bajo nivel puede desincentivar (bloquear) la adopción de prácticas R de mayor nivel. Si muchas empresas hacen lo mismo, habremos bloqueado la economía en unas tecnologías que tendrán una contribución muy limitada a la circularidad. Seguirá siendo una economía básicamente lineal con algunos elementos circulares, pero más bien marginales. Pero mucho más grave que el bloqueo de prácticas concretas es la existencia de un bloqueo sistémico. Este se produce por la intervención simultánea de distintos mecanismos que se refuerzan entre sí (comportamientos de empresas y ciudadanos, infraestructuras y tecnologías implantadas, prácticas institucionales y políticas públicas). Solo un enfoque sistémico es capaz de identificar esos mecanismos.

Cuadro 3
Ejemplo de barreras sistémicas:
el sistema de depósito y reembolso.

La economía circular requiere cambios esenciales en los actuales patrones de producción y consumo. Por ejemplo, imaginémonos un cambio del sistema de latas de usar y tirar (que es un ejemplo típico de la economía lineal) a un sistema de depósito y reembolso (que es un ejemplo de práctica de la economía circular). Para lograrlo, son necesarios cambios fundamentales en varios aspectos. En primer lugar, se necesitarán nuevas tecnologías para este sistema, por ejemplo, tecnologías para inspeccionar y limpiar las latas devueltas. En segundo lugar, los actores del mercado deberán cambiar varias de sus actividades en este sistema y, por tanto, sus interacciones (por ejemplo, se necesita un sistema de logística inversa para las latas retornadas). En tercer lugar, deben adoptarse nuevas políticas para regular la nueva tecnología (por ejemplo, políticas para el uso de químicos para limpiar esas latas). En cuarto lugar, son necesarios cambios culturales, pues los consumidores deben aprender ahora a devolver las latas en lugar de tirarlas, como hacían antes.

Fuente: Kirchherr et al. (2018: 229).

FIGURA **14**
Sistema de reciclaje de las latas de aluminio.

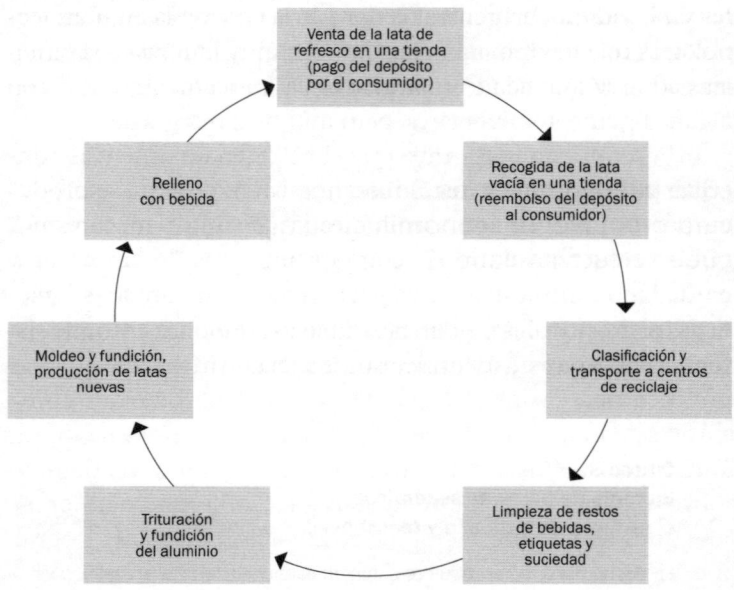

FUENTE: ELABORACIÓN PROPIA.

Algunos autores no solo apoyan una visión sistémica, sino también disruptiva de la economía circular, apelando a un cambio radical, "una trasformación en un sistema sociotécnico que genera un cambio sistémico, generalizado y rápido desde el dañino modelo de coger-hacer-usar-desechar a un modelo social y ambientalmente deseable y sostenible que reduzca el consumo y afronte los residuos estructurales a través de la aplicación de estrategias circulares" (Blomsma *et al.*, 2023: 1011).

Sin embargo, el debate está abierto, porque algunos autores no estarían de acuerdo con la idea de una disrupción circular, pues consideran que cambios más graduales constituyen una estrategia más viable y, por tanto, más realista (por ejemplo, Kirchherr *et al.*, 2023). Existe aquí una clara tensión. Por un lado, las prácticas y tecnologías circulares más fácilmente integrables en el tejido productivo son las más compatibles con los actuales (existentes) procesos productivos, las rutinas empresariales y los hábitos de consumidores y ciudadanos en general y, por tanto, las más viables a corto plazo. Pero, por otro lado, esas prácticas pueden no ser las que más contribuyen a la circularidad del sistema.

¿Qué pueden hacer los Gobiernos para promover la economía circular? ¿Qué se está haciendo?

A pesar de sus potenciales beneficios económicos y ambientales, las barreras a la economía circular provocan que los cambios necesarios para la circularidad no ocurran automáticamente, sino que se deberán adoptar políticas para fomentarlos. Existe un consenso en el ámbito académico sobre el papel crucial que juegan los Gobiernos para crear las condiciones que facilitan la transición circular. Lograr la economía circular no será fácil, supone un auténtico desafío para los Gobiernos de todo el mundo, ya sea a nivel nacional, regional o local. Pero a pesar de esa importancia y del desafío que supone, las políticas para la circularidad han recibido relativamente poca atención en la literatura científica sobre la economía circular con respecto a otros temas y, desde luego, mucho menos investigación de la que podría esperarse.

Será necesario adoptar una combinación de políticas públicas para eliminar las distintas barreras a la economía circular mencionadas en el apartado anterior. Esto incluye varios tipos de instrumentos, a diferentes niveles de gobernanza (UE, países, regiones, municipios...). De hecho, la economía circular ha alcanzado una posición preeminente en las agendas de muchos países y regiones del mundo, incluida la UE y España, y ya se han tomado medidas en este sentido[30].

---

30. Véase el apartado "Instrumentos para la circularidad" en este capítulo.

¿Qué elementos fundamentales tienen que incluir las políticas hacia la circularidad?

ASPECTOS INICIALES

Los responsables políticos deberían tener en cuenta algunos factores muy importantes a la hora de elaborar sus regulaciones. Entre ellos, los actores a los que se dirigen, las barreras a las que se enfrentan estos y qué aspecto se debe legislar o regular y a qué nivel de gobernanza. Por lo tanto, existen una serie de aspectos iniciales que deben tenerse en cuenta.

Diferentes actores implicados. Los cambios que exige la transición hacia la circularidad implican a un gran número de actores aparte de las empresas, tales como ciudadanos, consumidores, poderes públicos y sociedad civil en general, entre otros. Es necesario tener en cuenta ese ecosistema de actores en las propuestas de políticas públicas para la circularidad.

Diferentes barreras. Como se ha mencionado, la transición a la circularidad exige cambios en tecnologías (las R), comportamientos (en consumidores y empresas) e infraestructuras (para facilitar la logística que cierre los ciclos). Dado que existen barreras a esos cambios, estas deben identificarse y mitigarse con políticas públicas que se apliquen de forma simultánea y coordinada.

Diferentes niveles de gobernanza. Varios niveles administrativos tienen competencias para legislar en asuntos relacionados directamente con la economía circular (UE, nacional, regional y local). En particular, las políticas locales y regionales juegan un papel muy importante de apoyo a la economía circular. La adopción de unos instrumentos u otros (instrumentos de política para la circularidad) será más eficaz a unos niveles de gobernanza que a otros, lo que dará lugar a la coexistencia de instrumentos (o *policy mix*). La coexistencia entre políticas también se produce porque si las barreras a la transición circular y los factores que la facilitan son diversos, y se quiere activar esos factores y mitigar o eliminar las barreras, entonces deben aplicarse diferentes instrumentos. Parece claro que la transformación hacia la economía circular exige una mezcla de políticas. De hecho, ese parece haber sido el enfoque en las políticas públicas aplicadas para la circularidad, tanto en la UE como en España, pues tanto los planes de acción de la UE (2015 y 2020) como la EEEC y su I Plan de Economía Circular 2021-2023 prevén la aplicación de diferentes instrumentos en todas las fases del ciclo de vida del producto[31]. Aunque esa coexistencia es justificable porque los instrumentos son complementarios, pueden también ser redundantes o producirse conflictos entre ellos. Obviamente, los diferentes niveles deben coordinarse, pues si cada uno adopta medidas con independencia de lo que haga el resto, esto podría dar lugar a políticas redundantes o, incluso, en conflicto.

Diferentes motivaciones y criterios de evaluación de las políticas. Es importante tener en cuenta que las motivaciones de los Gobiernos con respecto a la implantación de la economía circular pueden ser diferentes. Por ejemplo, en algunos países, la protección ambiental puede haber sido, al menos inicialmente, la principal motivación (caso de Alemania), mientras que en otros países la eficiencia en el uso de recursos puede haber jugado un papel crucial (caso de China). Por otro lado, las políticas públicas deben evaluarse con diferentes criterios y las políticas de fomento de la transición hacia la circularidad no tienen por qué ser una excepción en este sentido.

Entre los criterios relevantes tenemos los de eficacia (¿consigue el instrumento que las empresas adopten las prácticas R?), eficiencia (¿a qué coste para las empresas, consumidores o el erario público?) y equidad (¿recaen los beneficios o

---

31. Véase el apartado "¿Qué se está haciendo? Estrategias europea, española y regionales" en este capítulo.

los costes de la circularidad más en unos actores que en otros, o se distribuyen más o menos uniformemente? ¿Sufren los ciudadanos de menor renta o las empresas pequeñas una carga adicional desproporcionada?). Se necesitan, por tanto, políticas que, en efecto, promuevan la adopción de tecnologías y prácticas circulares, lo hagan al menor coste posible y no supongan una carga excesiva para determinados actores y, en particular, para los más vulnerables.

Diferentes procesos R y distintos niveles. Como sabemos, existen diferentes prácticas circulares R que pueden adoptarse a diferentes niveles (macro, meso, micro). El fomento de cada una de esas R será más adecuado con un instrumento que con otro, también dependiendo de su nivel de implantación. En principio, deberían promoverse las prácticas que se sitúan a un nivel más alto en la jerarquía circular, pero esto puede no ser viable a corto plazo.

El estilo de la regulación

La implantación de cualquier política tiene una dimensión sustantiva (los objetivos e instrumentos concretos que se adoptan) y una dimensión procedimental. Esta se refiere al enfoque que los decisores públicos adoptan para fomentar la economía circular. Incluye cómo tienen en cuenta las visiones e intereses de diferentes actores, lo que exige que los poderes públicos consulten a los diferentes actores implicados y cooperen con ellos. El éxito de las iniciativas de economía circular depende en parte de un diálogo constante entre actores y la implicación activa de ellos. Es necesaria la colaboración entre varios, incluidos empresas, ONG, consumidores, ciudadanos y Gobiernos (y, dentro de estos, la que debe haber entre diferentes departamentos ministeriales y diferentes niveles de gobernanza).

Por otro lado, el aspecto de procedimiento de las políticas de la economía circular debería tener en cuenta el carácter sistémico de la implantación de la misma, considerando todas las fases del ciclo de vida del producto, diferentes barreras que deben mitigarse y factores que la facilitan y que deben activarse, que existen varias prácticas R, múltiples actores y distintos niveles de gobernanza. Este aspecto también debe tener en cuenta que, como en todo cambio, hay ganadores y perdedores en la transición circular. La oposición de estos últimos podría arruinar la implantación de la economía circular y, por tanto, esto debe abordarse con el ya mencionado estilo cooperativo de política o con instrumentos específicos que compensen temporalmente a aquellos más perjudicados por el cambio de una economía lineal a otra circular, que son los que con más probabilidad y energía rechazarán esta.

CONDICIONES MARCO APROPIADAS

Aparte de los instrumentos concretos para fomentar la economía circular, asunto que trataremos en el siguiente apartado, son necesarias una serie de condiciones marco para el éxito (eficacia y eficiencia) de cualquier política de circularidad: fijación de objetivos, estabilidad y coherencia de la regulación. En primer lugar, deben fijarse objetivos específicos de circularidad, dentro de una estrategia, plan y hoja de ruta para economía circular, que sean relativamente ambiciosos, teniendo en cuenta los recursos de que se dispone y el horizonte temporal de esos objetivos. Un ejemplo en este sentido es la UE, que publica una hoja de ruta, una estrategia y luego una directiva acompañada por una comunicación[32].

Obviamente, ayuda mucho a la transición circular que se fijen objetivos cuantitativos, tales como lograr tasas de reciclaje de residuos o la adopción de una determinada práctica R para una determinada fecha. Estos serían objetivos directos, pero otros indirectos también pueden contribuir a la circularidad, tales como objetivos ambientales o de energías limpias. Los objetivos aportan una señal a posibles inversores

---

32. Véase el apartado "Unión Europea" en este capítulo.

y a otros actores, que pueden tener en cuenta en sus decisiones de inversión y en su comportamiento.

Pero para que esa señal sea eficaz tiene que ser creíble y predecible. Para ello, tanto los objetivos como la propia política de promoción de la circularidad deben ser estables, es decir, no experimentar cambios significativos de dirección. La política para la circularidad debe ser consistente, coherente y alineada con los objetivos fijados y el contexto en el que se aplica. La existencia de diversas condiciones, características y situaciones apela a la adopción de instrumentos específicos para cada situación. No existe, por tanto, un conjunto de políticas o instrumentos cuya aplicación se pueda recomendar aplicar con carácter general, es decir, con independencia del momento o lugar. El siguiente punto describe estos instrumentos.

Instrumentos para la circularidad

Una vez que se han establecido objetivos, deben adoptarse instrumentos específicos para incentivar que aquellos se alcancen, fomentando el cambio en el comportamiento de los individuos. Algunos de estos instrumentos apoyan específicamente la reparación, la reutilización, la remanufacturación o el reciclaje, mientras que otros son en realidad políticas genéricas que fomentan todas estas prácticas a la vez. A continuación, aportamos una clasificación y descripción de estos instrumentos, necesariamente breve, aunque, como todos tratan de mitigar o eliminar barreras, y estas son múltiples, la lista de los mismos es larga.

Instrumentos de regulación

En general, las regulaciones pueden establecer prohibiciones u obligaciones. Con respecto a las prohibiciones/restricciones, estas pueden ser de diferentes tipos:

- Prohibiciones de productos no circulares en el mercado o del uso de determinados materiales nocivos para el medioambiente. Existen varios ejemplos. Uno sería el de bolsas de plástico de un único uso, lo que daría lugar a una mayor utilización de bolsas reutilizables, con la consiguiente reducción en los residuos de plástico. Otro sería la prohibición de sustancias peligrosas como el plomo en los aparatos electrónicos o el mercurio en los termómetros. En general, el incentivo para buscar alternativas a las opciones prohibidas tendrá probablemente un efecto positivo sobre la innovación, promoviendo a su vez mercados futuros, como defiende la conocida hipótesis Porter, mencionada en el capítulo 1.

- Prohibición de incineración de recursos reciclables. Prohibir la destrucción de bienes no vendidos y devueltos es también una medida para apoyar la transición circular. Un ejemplo de esta medida es la reciente prohibición de la UE relativa a la destrucción de ropa no vendida (a partir de 2025). Antes de su entrada en vigor, ha sido y es una práctica muy común de las empresas tirar a la basura directamente la ropa devuelta en su mayoría procedente de la compra *online*. La razón es el elevado coste económico de desenvolver la ropa enviada de vuelta, sortearla, comprobar su estado y volverla a vender. Esta práctica, aparte de su aparente ausencia de sostenibilidad, causaba muy elevados volúmenes de basura textil y costes de gestión de residuos en los municipios. Se espera que, con esta nueva legislación, la ropa devuelta o no vendida se circule por otros canales de venta o que por ejemplo se reutilice como material aislante en la construcción. Sin embargo, no siempre existen alternativas a lo que se prohíbe y, de hecho, no siempre es fácil prohibir. Por ejemplo, aunque algunos defienden prohibir la obsolescencia programada (la posible programación del final de la vida útil de un producto por parte del fabricante) (Fundación Circle Economy, 2024), que puede ser una barrera importante en la transición a la economía circular, existen muchas dificultades técnicas para detectarla e impedir que se produzca.

Por otra parte, los Gobiernos pueden aprobar regulaciones que incluyan obligaciones, por ejemplo, sobre cómo diseñar los productos (ecodiseño), incrementar la eficiencia de los materiales de los procesos de producción o gestionar los residuos. Estas obligaciones pueden recaer en las diferentes fases del ciclo de vida de los productos (Hartley *et al.*, 2023). Dos medidas son particularmente relevantes en este contexto:

- Obligación de facilitar el derecho a reparar. En este caso, se establece una obligación en los fabricantes de productos para que estos sean más fáciles de reparar y reciclar. La reparación se ha hecho más complicada conforme la complejidad de los productos (en términos de sus componentes, número de materiales y estructura física) se ha incrementado (Van den Berg, 2020). Muchos productos del día a día (como ordenadores o teléfonos móviles) no están diseñados para que sean fáciles de reparar, lo que da lugar a una gran cantidad de residuos. De hecho, los residuos electrónicos son el flujo de residuos que más crece en la Unión y menos del 40% de ese flujo se recicla actualmente (Fundación Cicle Economy, 2023b).
- La Directiva 2024/1799 de la UE establece normas comunes para promover la reparación de bienes. El fabricante estará obligado a reparar un producto por un precio y en un plazo razonables tras el fin de la garantía y se facilitará el acceso a piezas de recambio, información y herramientas relacionadas con la reparación para los consumidores. Además, se establecerán incentivos para optar por la reparación, como vales y fondos. Las plataformas en línea ayudarán a

los consumidores a encontrar servicios de reparación locales y tiendas con bienes reacondicionados (Parlamento Europeo, 2024). El objetivo es asegurar que la reparación sea más atractiva, simple y asequible que comprar nuevos productos, permitiendo que los bienes se puedan utilizar durante más tiempo (Fundación Circle Economy, 2023b).

- La responsabilidad del productor ampliada (RPA) sitúa la responsabilidad de los impactos ambientales de los productos a lo largo de su ciclo de vida en sus productores, incluidas las etapas posteriores a su uso (Van den Berg, 2020). Este instrumento incentiva que los productores diseñen los productos para que sean más fáciles de reciclar, reduzcan su uso de materiales y creen productos más duraderos, lo que además fomenta la innovación. Por ejemplo, en la industria de la electrónica, la RPA podría dar lugar al diseño de aparatos que sean más fáciles de desensamblar para poder repararlos o reciclarlos.

Incentivos económicos

Desde el punto de vista del bienestar social, es conveniente internalizar las externalidades (daños) ambientales en los precios de los productos para que estos reflejen el impacto ambiental de los materiales con los que están hechos, fomentando las prácticas circulares frente a las lineales. La literatura de economía ambiental muestra que esto se puede conseguir con una mayor eficiencia, aplicando instrumentos de política ambiental que estén basados en el uso de incentivos económicos, tales como los impuestos, los sistemas de comercio de emisiones o las subvenciones. La idea es que, al internalizar esas externalidades en los precios (por ejemplo, poniendo un impuesto o una tasa sobre el CO_2), eso provoque que los productos más *sucios* sean menos atractivos que los *limpios* (o circulares). Por ejemplo, se espera que la aplicación de una tasa sobre el vertido de residuos fomente el reciclaje y la reutilización (Van den

Berg, 2020), además de estimular la innovación en prácticas sostenibles en general.

Imposición ambiental. Los impuestos ambientales suponen una penalización financiera para las actividades contaminantes, por lo que, si se sitúan a un nivel lo suficientemente alto, pueden desincentivar esas actividades e incentivar la adopción de prácticas sostenibles, incluidas las circulares. Un impuesto al CO_2 que incentive que las empresas cambien al uso de energías limpias sería un ejemplo de esas medidas. Una cuestión importante es qué hacer con los ingresos derivados de la recaudación de esos impuestos, que pueden destinarse a distintos objetivos, como reducir los impuestos preexistentes sobre el trabajo o aplicarse a inversiones públicas en protección ambiental.

Fiscalidad para la circularidad. Aparte de la fiscalidad ambiental en general, pueden aplicarse políticas fiscales más específicas para fomentar la adopción de prácticas circulares, tales como impuestos o incentivos fiscales. Algunos ejemplos de estas políticas serían: los impuestos a la eliminación de los desechos en vertederos (lo que puede fomentar el reciclaje), exenciones o reducciones de impuestos a las prácticas circulares, como un tipo reducido en el impuesto sobre el valor añadido (IVA) para las actividades de reparación, o reembolsos parciales del IVA pagado para los consumidores que reparan sus productos o usan productos con componentes reciclados. Esta fiscalidad más favorable para prácticas y productos circulares incrementa el atractivo de estos últimos, frente a los que siguen una lógica lineal.

Sistemas de depósito y reembolso. Como ya se ha mencionado, en estos sistemas se cobra un depósito en el momento de la adquisición del producto, que se devuelve cuando este se recicla. Esta medida trata de fomentar el reciclaje por parte de los consumidores, incentivando la recogida de desechos y su separación. España pondrá en marcha un sistema de depósito, devolución y retorno (SDDR) de botellas de plástico de un solo uso, previsiblemente en noviembre de 2026. El objetivo principal es aumentar las tasas de recogida selectiva de estos envases, ya que el correcto reciclaje en el contenedor amarillo no funcionaba de acuerdo con las expectativas del Gobierno y las tasas mínimas fijadas en la Ley de residuos y suelos contaminados (Ley 7/2022). La recogida separada se situó en el 40% según datos de Ministerio de Transición Ecológica para el año 2023, cuando el objetivo era alcanzar un 70%.

El objetivo secundario está relacionado con la economía circular y más específicamente con incrementar la circularidad del plástico, dándole un segundo uso al plástico recogido, reduciendo así significativamente la necesidad de producción de plástico nuevo. Como se ha descrito anteriormente, sistemas parecidos al futuro SDDR español llevan funcionando en más de 50 países en el mundo, y el depósito recuperable por los consumidores suele oscilar entre unos 10 y 20 céntimos.

Subvenciones a la adopción/implantación de tecnologías y prácticas circulares. En general, son necesarias medidas para mitigar la barrera que suponen los elevados costes iniciales de la inversión en algunas prácticas circulares y facilitar la financiación de esas inversiones. Estas medidas pueden incluir subvenciones directas a las empresas para adquirir tecnologías circulares o implantar prácticas circulares o facilidades de acceso al crédito (tales como garantías financieras o créditos blandos). En lo posible, esas subvenciones deberían cumplir con el criterio de *adicionalidad*: no deberían fomentar actividades circulares que se hubieran hecho de todas formas (es decir, en ausencia de la ayuda).

Apoyo a la I+D en tecnologías circulares. La innovación tecnológica es un elemento fundamental de la transición circular, pues permite llevar nuevas prácticas y tecnologías circulares al mercado (De Jesus y Mendonça, 2018). La I+D realizada tanto en empresas como en centros de investigación públicos constituye una fuente clave de innovación. Por tanto, apoyar directamente la I+D con subvenciones directas, exenciones o desgravaciones fiscales a esas instituciones facilitaría la transición circular.

PROVISIÓN PÚBLICA

Los Gobiernos pueden ejercer una importante influencia en la implantación de las prácticas circulares al influir en las condiciones económicas desde el lado de la demanda, comprando productos que cumplan determinados criterios de circularidad, es decir, que incorporen prácticas o tecnologías circulares, o invirtiendo en las infraestructuras necesarias para cerrar los ciclos de materiales y energía. Por ejemplo, en algunos países, los Gobiernos compran solo papel reciclado para sus departamentos ministeriales. Esto ayuda a crear un nicho para productos circulares.

INFORMACIÓN Y EDUCACIÓN

Como se ha mencionado al tratar el caso de la provisión pública, un aspecto fundamental de la economía circular es el lado de la demanda. Por ello, deben adoptarse políticas que promuevan que los consumidores y los ciudadanos en general utilicen productos y prácticas circulares y rompan la inercia a usar los productos (lineales) que ya conocen. Varios instrumentos de información y educación pueden ser útiles en este sentido tanto para los consumidores como para las empresas. En el caso de los ciudadanos/consumidores hay varios:

Ecoetiquetas/certificación ambiental/etiquetado energético. Las ecoetiquetas y certificaciones ambientales de un producto indican que este cumple con determinados criterios o estándares ambientales (Chevanaz y Dimitrov, 2024). Por lo tanto, informan a los consumidores sobre los impactos ambientales de los productos. Por ejemplo, en la actualidad, más de 37 000 productos comercializados en Europa llevan la ecoetiqueta europea, lo que significa que cumplen criterios ecológicos. Si los consumidores están ambientalmente concienciados, esa información puede incentivar que adquieran esos productos frente a otros que suponen un impacto ambiental mayor, aunque una variable clave en dicha elección seguirá siendo el precio. A su vez, las empresas pueden verse estimuladas a ofrecer productos con un menor impacto ambiental y más circulares.

Campañas de información. Los Gobiernos pueden llevar a cabo campañas de concienciación sobre los efectos a nivel mundial/nacional/regional/local de la economía circular en el medioambiente y la economía, dirigidas a distintos actores. Esto puede fomentar el cambio de comportamiento en los consumidores e incentivar la transición circular.

Educación. La educación de la sociedad civil en general, y de los más jóvenes en particular, puede jugar un papel muy importante para promover cambios de comportamiento favorables a la circularidad a largo plazo. Por ello, sería conveniente incluir el conocimiento sobre la circularidad y sus beneficios económicos y ambientales en la formación de los estudiantes en todos los niveles educativos.

En el caso de las empresas, la provisión de información también puede ser un elemento que facilite la implantación de la economía circular en las empresas. Por ejemplo, la difusión de buenas prácticas empresariales con respecto a determinadas iniciativas circulares en otras zonas del país, en otros países o en otros sectores puede fomentar la adopción de las mismas. El apoyo a la formación en habilidades circulares, tan necesario para lograr la transición circular, sería también un elemento que facilitaría dicha transición para las empresas. Una interesante medida que facilita el intercambio de información entre actores, prevista por normativa europea, es el Pasaporte Digital de Producto. Este permite registrar electrónicamente, procesar y compartir información relacionada con los productos entre las empresas de la cadena de suministro, las autoridades y los consumidores. Aportará al consumidor información relevante sobre la circularidad de los productos (entre otra información), lo que incluye su potencial duración, si es difícil de desmontar y reparar, y el porcentaje de materiales reciclados, además de consejos sobre cómo reciclarlo adecuadamente. También habrá información para ayudar a quienes fabrican, venden, reparan y reciclan los productos (OCU, 2024).

PROMOCIÓN DE REDES CIRCULARES

Las redes de economía circular son grupos de actores (empresas, Gobiernos, ONG…) que se crean voluntariamente para trabajar conjuntamente en la promoción de la economía circular. Estas redes facilitan que esos actores intercambien conocimiento y buenas prácticas, y colaboren en proyectos circulares.

PLATAFORMAS CIRCULARES

Las plataformas virtuales permiten identificar residuos o materiales de desecho derivados de las actividades de producción o consumo y conectar a diferentes actores para que esos residuos o materiales pueden reutilizase o reciclarse (como en el caso del mercado circular en Países Bajos). Por ejemplo, el material de desecho en la producción de papel puede utilizarse como insumo en otras industrias. En España también existen varias iniciativas de economía circular. Por ejemplo, la plataforma virtual de economía circular del noroeste de la península ibérica, que tiene como objetivo dar visibilidad a productos, servicios y modelos de negocio de economía circular y poner en contacto a empresas interesadas en participar.

El Grupo Interplataformas de Economía Circular (GIEC), recircular o Circular Market son ejemplos adicionales y buscan establecer un mayor grado de cooperación entre empresas, o entre empresas y consumidores, por ejemplo, a través de plataformas digitales de compraventa de recursos secundarios, para fortalecer la cooperación público-privada o para fomentar la innovación y la transición hacia la economía circular entre todas las partes interesadas, pero especialmente entre empresas. Desde los poderes públicos puede fomentarse la creación de esas plataformas a través de exenciones o desgravaciones fiscales o de reducciones o exenciones del IVA para los productos y recursos que se vendan a través de dichas plataformas.

COLABORACIÓN INTERNACIONAL

La colaboración internacional en la gestión de recursos puede contribuir a fomentar la transición a la circularidad. En particular, las instituciones financieras internacionales y los bancos de desarrollo pueden jugar un importante papel para facilitar dicha transición, por ejemplo, promoviendo la adopción de prácticas circulares en los proyectos que financian.

Otros aspectos relevantes de las políticas públicas para la circularidad que deben tenerse en cuenta

Por otro lado, tan importante como utilizar instrumentos concretos es diseñarlos adecuadamente. Dos instrumentos aparentemente similares pueden en realidad ser muy diferentes en función de cómo se diseñen, es decir, de los elementos de diseño concretos que se incluyan en ellos. En el caso de las políticas de la economía circular, estos elementos de diseño pueden referirse al nivel de ambición o exigencia del instrumento o a otros aspectos que influyan en la adopción de prácticas circulares. Obviamente, una discusión de esos elementos de diseño excede con mucho el propósito de esta obra, pero sí es algo que los decisores públicos deben tener en cuenta en la aplicación de políticas para la transición circular.

Otros aspectos relevantes en las políticas públicas para la circularidad a tener en cuenta incluyen la simplificación de los trámites administrativos, el apoyo especial a las pymes (pues las barreras mencionadas en el apartado "¿Cuáles son los determinantes y barreras a la economía circular?" tienen una mayor incidencia en estas empresas), vigilar el cumplimiento de la legislación (utilizando indicadores que permitan medir el grado de mejora en la transición hacia la circularidad) y considerar los conflictos entre políticas para la circularidad que pueden producirse cuando estas se aplican simultáneamente.

¿Qué se está haciendo?
Estrategias europea, española y regionales

Es importante destacar que existen planes de actuación en economía circular a diferentes niveles, tanto de la UE, como nacional e incluso regional o local. La aplicación de determinadas políticas puede ser más eficaz si se hace a un nivel más alto, ya sea europeo o nacional (por ejemplo, las plataformas circulares), mientras que en otros casos el nivel más adecuado puede ser el nacional (la formación para la circularidad) o el regional o local (por ejemplo, el apoyo a las pymes). Esto, inevitablemente, dará lugar a una combinación de políticas para la circularidad. No obstante, debe tenerse en cuenta que pueden existir conflictos entre los diferentes niveles, lo que podría dar lugar a una mezcla no coherente de políticas (Domenech y Bahn-Walkowiak, 2019). A continuación se describe el contenido fundamental de las políticas circulares a diferentes niveles, con el foco de atención en los casos europeo y español.

Unión Europea

Sin duda, la economía circular se ha situado en la cima de la agenda política de la UE. La Comisión Europea lanzó el nuevo Plan de Acción Circular en 2020, que se añadía al Plan de Acción de 2015. El nuevo Plan de Acción propone medidas para establecer un marco estratégico focalizado en la cadena de valor, la reducción de residuos, el funcionamiento eficiente del mercado interior para las materias primas secundarias, y busca generar importantes beneficios económicos, ambientales y sociales. Se presta atención a los productos sostenibles, apoyar a los consumidores y compradores del sector público, a los sectores de aparatos electrónicos y TIC, baterías, automóviles, embalajes, plástico, tejidos, construcción y edificación, agua y nutrientes, alimentación y reducción de residuos. El Plan de Acción en Economía Circular ha dado lugar a un amplio abanico de iniciativas (35), poniendo el énfasis en la gestión sostenible de residuos y materiales y en la circularidad de productos de consumo como los ya mencionados. Con este nuevo plan, la Comisión Europea pretende (MITECO, 2024a):

- Hacer que los productos sostenibles sean la norma en la UE.
- Empoderar a los consumidores y a los compradores del sector público.
- Centrarse en los sectores que utilizan más recursos y en los que el potencial de circularidad es más elevado, como son los ya mencionados sectores con el mayor uso de recursos.
- Garantizar que se generan menos residuos.
- Hacer que la circularidad funcione para las personas, las regiones y las ciudades.
- Dirigir los esfuerzos mundiales en materia de economía circular.

A pesar del gran número de iniciativas de política pública en la UE, recordemos que su tasa de circularidad en 2022 fue de solo el 11,5% y que evoluciona muy lentamente[33]. Como resulta esencial controlar el progreso hacia la economía circular, la Comisión adoptó (en 2023) un nuevo marco para evaluar la evolución de diferentes indicadores relativos a la economía circular, lo que a su vez permite a la UE y a los Estados miembros concluir si las políticas están siendo eficaces, así como identificar mejores prácticas.

---

33. Véase el apartado "¿Progresamos hacia la economía circular?" de este capítulo.

La política de economía circular se articula en España fundamentalmente a través de la EEEC y sus planes de actuación (PAEC). También son relevantes en este contexto los proyectos estratégicos para la recuperación y transformación económica (PERTE).

La EEEC, aprobada en 2020, identifica seis sectores prioritarios de actividad en los que incorporar la economía circular en España (construcción, agroalimentario, pesquero y forestal, industrial, bienes de consumo, turismo y textil y confección). Establece una serie de objetivos para 2030 (cuadro 4) a alcanzar con una combinación de políticas (industrial, de I+D, de fiscalidad y de empleo, entre otras).

Cuᴀᴅʀᴏ 4
Objetivos de la EEEC para 2030.

- Reducir en un 30% el consumo nacional de materiales en relación con el PIB, tomando 2010 como año de referencia.
- Reducir la generación de residuos en un 15% con respecto a la generación en 2010.
- Reducir la generación de residuos de alimentos en toda la cadena alimentaria: 50% de reducción per cápita a nivel de hogar y consumo minorista, y un 20% en las cadenas de producción y suministro a partir del año 2020.
- Incrementar la reutilización y preparación para la reutilización hasta llegar al 10% de los residuos municipales generados.
- Reducir la emisión de gases de efecto invernadero por debajo de los 10 millones de toneladas de CO2eq.
- Mejorar un 10% la eficiencia en el uso del agua.

Fuᴇɴᴛᴇ: MITECO (2024ʙ).

La EEEC tiene una visión a largo plazo (España Circular 2030), siendo los planes de acción trienales el instrumento para llevarla a cabo. El I Plan de Acción de Economía Circular consta de 116 medidas planteadas por 11 ministerios. El plan se divide en 5 ejes y 3 líneas de actuación (tabla 4).

TABLA 4
Objetivos de los ejes y líneas de actuación del I Plan de Acción de Economía Circular.

EJE O LÍNEA DE ACTUACIÓN	OBJETIVO
Eje de actuación *Producción*	Promover el diseño/rediseño de procesos y productos para optimizar el uso de recursos naturales no renovables en la producción, fomentando la incorporación de materias primas secundarias y materiales reciclados y minimizando la incorporación de sustancias nocivas, para obtener productos que sean más fácilmente reciclables y reparables, reconduciendo la economía hacia modos más sostenibles y eficientes.
Eje de actuación *Consumo*	Reducir la huella ecológica mediante una modificación de las pautas hacia un consumo más responsable que evite el desperdicio y las materias primas no renovables.
Eje de actuación *Gestión de los residuos*	Aplicar de manera efectiva el principio de jerarquía de los residuos, favoreciendo de manera sustancial la prevención (reducción), la preparación para la reutilización y el reciclaje de los residuos.
Eje de actuación *Materias primas secundarias*	Garantizar la protección del medioambiente y la salud humana, reduciendo el uso de recursos naturales no renovables y reincorporando en el ciclo de producción los materiales contenidos en los residuos como materias primas secundarias.
Eje de actuación *Reutilización y depuración del agua*	Promover un uso eficiente del recurso agua, que permita conciliar la protección de la calidad y cantidad de las masas acuáticas con un aprovechamiento sostenible e innovador del mismo.
Línea de actuación *Investigación, innovación y competitividad*	Impulsar el desarrollo y aplicación de nuevos conocimientos y tecnologías para promover la innovación en procesos, productos, servicios y modelos de negocio, impulsando la colaboración público-privada, la formación de investigadores y personal de I+D+i y favoreciendo la inversión empresarial en I+D+i.
Línea de actuación *Participación y sensibilización*	Fomentar la implicación de los agentes económicos y sociales en general, y de la ciudadanía en particular, para concienciar de los retos medioambientales, económicos y tecnológicos actuales, y de la necesidad de generalizar la aplicación del principio de jerarquía de los residuos.
Línea de actuación *Empleo y formación*	Promover la creación de nuevos puestos de trabajo, y la mejora de los ya existentes, en el marco que ofrece la economía circular.

FUENTE: MITECO (2024b).

También existen iniciativas a nivel regional. Por ejemplo, en 2019, se publicó la Ley 7/2019 de Economía Circular de Castilla-La Mancha, pionera en España, con la finalidad de favorecer un crecimiento económico, la creación de empleo y la generación de condiciones que favorezcan un desarrollo sostenible desacoplado del consumo de recursos no renovables y de la producción de externalidades negativas que permita luchar contra el cambio climático y avanzar hacia una economía hipocarbónica en la región, con la consiguiente mejora del medioambiente y, por ello, de la vida y el bienestar de las personas (artículo 1).

Posteriormente se aprobó la Estrategia de Economía Circular de Castilla-La Mancha 2021-2030, que abarca las áreas relacionadas con la gestión eficiente de los recursos, la producción, el consumo, los residuos y la innovación.

Conclusiones

Resulta poco común encontrar a alguien que no haya oído hablar de la economía circular. El término está cada vez más presente en los medios de comunicación. Muchas personas creen tener una idea aproximada de lo que significa, aunque otras reconocen no saber exactamente a qué se refiere. Tal vez se conozcan más algunas de las prácticas asociadas a la circularidad y al principio de las 10 R. Al fin y al cabo, ¿quién no ha oído hablar del reciclaje, aplicado, por ejemplo, al papel, o del reacondicionamiento de productos de uso diario como son los teléfonos móviles? ¿Quién no ha tratado de reparar un producto averiado antes que plantearse comprar uno nuevo?

Sin embargo, algunas de esas prácticas siguen siendo todavía desconocidas para el gran público, como la remanufacturación o la readaptación. Incluso aquellos que tienen una idea aproximada de los términos *economía circular* o *circularidad* pueden desconocer la filosofía que está detrás de ellos. La idea de que, al fomentar que los recursos permanezcan el mayor tiempo posible en el ciclo productivo, la economía circular optimiza su aprovechamiento, reduciendo al máximo la generación de residuos y obteniendo el mayor partido de aquellos cuya generación no se pueda evitar, puede ser difícil de asimilar en una sociedad acostumbrada a una economía lineal, es decir, al modelo de usar y tirar.

Más complicado aún puede ser interpretar cómo la economía circular contribuye al desarrollo sostenible más allá de la propia sostenibilidad ambiental, es decir, a sus dimensiones económica y social. En efecto, mientras que resulta más o menos intuitivo comprender que un enfoque de los procesos de producción y consumo que reduzca el uso de recursos y la generación de residuos contribuye a mejorar el impacto ambiental de esos procesos, no parece tan obvio cómo puede mejorar el funcionamiento de nuestro sistema económico y la calidad de vida de las personas. Tampoco parece que haya un conocimiento extendido sobre qué indicadores existen para medir la circularidad de una economía (más allá del indicador más obvio, la tasa de reciclaje), si realmente estamos avanzando hacia ese modelo, cuáles son las barreras que dificultan su adopción y qué políticas existen para impulsarlo.

Este libro busca responder a todas estas cuestiones, realizando una profunda revisión de la literatura científica sobre el tema y aportando dos casos de estudio sobre la aplicación de la circularidad.

¿Qué podemos esperar del futuro en una economía circular? Dado que la economía circular es tan diferente a la economía lineal actual a la que estamos acostumbrados como ciudadanos, consumidores, empleados, trabajadores o gestores empresariales, la transición hacia la economía circular dará lugar a cambios significativos no solo en el ámbito económico y ambiental, sino también en el ámbito social. En la medida en la que avancemos hacia la misma, estos cambios se harán más "observables" y se reflejarán cada vez más en nuestra vida cotidiana.

Concretamente, podemos obtener numerosos beneficios a título personal de la economía circular, aparte de los importantísimos beneficios altamente relevantes para el medioambiente y la economía en general. Por ejemplo, de la mejora de la calidad del aire, agua y tierra se beneficia la salud humana. Además, muchos de los procesos o prácticas de economía circular, como la reparación, tendrán lugar cerca de nosotros, en nuestro barrio o en nuestra ciudad, generando nuevos puestos de trabajo. Además, la economía circular usa y reutiliza constantemente la materia prima y los materiales, reduciendo muy significativamente las importaciones de esos materiales y, por tanto, la dependencia de terceros países. Pero la transición y el cambio hacia la economía circular también tienen costes asociados que podemos llegar a percibir nosotros mismos. Primero, para las empresas. Cambiar sus procesos de producción, su logística, el diseño de sus productos y hasta sus modelos de negocio tiene un coste económico. A menudo se observa que los productos circulares o sostenibles son más caros que sus homólogos tradicionales y lineales.

Y como consumidores, somos una parte integral, y de hecho central, de una economía circular. La devolución al final de la vida útil de los productos, el correcto reciclaje o la reutilización por otras personas cuando haya finalizado el uso original son decisiones que cada cual puede tomar. Para ello, hace falta que ajustemos nuestro comportamiento y que prestemos atención a las posibilidades que existen cuando se nos rompe un producto o ya no nos sirve. *Tirar* debe convertirse en la última de las opciones.

En efecto, los consumidores y los ciudadanos jugamos un papel fundamental en la transición hacia la economía circular no solo en la teoría, sino también en la práctica. De hecho, los consumidores podemos hacer mucho más de lo que parece para avanzar la economía circular. Fundamentalmente, nuestra aportación es a través de un cambio de comportamiento como compradores, usuarios y al final de la vida útil de los productos. Por ejemplo, concretamente, cuando necesitamos nuevos productos, nos podríamos plantear la pregunta de si es realmente necesario o no. Podríamos considerar extender un poco más la vida útil del producto que ya tenemos. Cuando sí compramos nuevos productos, podemos considerar alternativas de segunda mano o productos reacondicionados. Cuando se nos haya roto un producto, en vez de tirarlo a la basura, podemos intentar repararlo nosotros mismos o llevarlo a reparar. Cada vez más productos son modulares y permiten el recambio de piezas.

La reducción del IVA para la reparación que plantea la Unión Europea abaratará los costes de reparación. También es posible que si ya no nos sirve algún producto podamos entregarlo a amigos o a familiares, donarlo o venderlo a través de plataformas digitales o tiendas y mercadillos de segunda mano. Cuando se tira algo a la basura, es importante seguir las instrucciones para un correcto reciclaje y separar la basura orgánica del plástico, reciclar por separado las baterías, los desechos textiles o la basura electrónica, etc. Estos son solo algunos ejemplos concretos asociados a los procesos R. Hay muchísimos más ejemplos en nuestra vida cotidiana que, prestando un poco de atención, podemos identificar. Por esto, llegar a una economía circular es una cosa de todos, incluyendo las empresas, la política pública y, desde luego, los consumidores y ciudadanos en general.

Como casi todo en la vida, no hay solo ventajas o solo desventajas. La economía circular tiene importantes beneficios económicos, ecológicos y sociales, pero también tiene un coste para llegar a ella. En la investigación científica y en la política pública, este fenómeno se denomina *trade-off*, porque a una serie de mejoras tangibles vienen asociados una serie de costes y requerimientos. Cada uno y cada una tenemos nuestras preferencias (y posibilidades económicas) individuales, por lo cual no existe un camino óptimo para la transición hacia la economía circular. Como ocurre en muchas otras áreas, la transición circular debe basarse en un consenso social. Lo que sí está claro es que la investigación científica nos informa de que los beneficios en su conjunto superan a los costes en su conjunto con creces, aunque ambos puedan recaer de forma distinta en diferentes actores sociales.

Sabiendo, como muestra la evolución de los indicadores incluidos en esta obra, que el avance hacia la circularidad está siendo lento, identificamos las barreras que provocan esa lentitud, aunque también aspectos que pueden, en el futuro, actuar como determinantes positivos de una mayor implantación de la economía circular. Y vinculamos esas barreras con medidas de política pública que puedan mitigarlas, ofreciendo finalmente una breve descripción de las estrategias de circularidad implantadas a nivel europeo y español.

Sin embargo, es mucho lo que queda por hacer, tanto a nivel del ritmo de cambio necesario para mejorar la circularidad de la economía y la sociedad como a nivel de investigación. En efecto, el lento progreso hacia la economía circular sugiere que estamos todavía fundamentalmente enganchados (bloqueados) en una economía lineal. Y como también ha mostrado este libro, son muchas las barreras que, tanto a nivel de los consumidores y ciudadanos como de las empresas, es imprescindible abordar para generar el cambio necesario.

Es posible, casi siempre, ver la botella medio llena o medio vacía, y si somos un poco optimistas, podemos vislumbrar algunas luces en este camino hacia la circularidad, como una mayor concienciación ciudadana sobre los problemas ambientales y la aplicación de políticas públicas orientadas a mejorar la circularidad de la economía. Pero tan importante como estos avances es también la consolidación de un tejido empresarial cada vez más vinculado a la circularidad, con empresas especializadas en economía circular y la adopción de prácticas circulares por parte de muchas otras compañías y entidades. Todo esto puede indicar que sí se está produciendo el cambio institucional necesario para sustituir la economía de usar y tirar por un modelo que contribuya a cerrar los ciclos de materiales y energía. Profundizar en ese cambio institucional seguirá exigiendo no solo la adopción y aplicación de políticas públicas, sino también un mayor esfuerzo de pedagogía para informar a la población sobre los beneficios que la economía circular puede aportar a su vida cotidiana. Sin esa aceptación pública no será posible avanzar en este cambio institucional que, a su vez, es clave para transformar los patrones de producción y consumo. Esa aceptación depende tanto de la obtención de beneficios tangibles y palpables para la ciudadanía como del conocimiento de que dichos beneficios ya se están produciendo o pueden producirse. Esperamos que, modestamente, este libro haya contribuido a ese objetivo.

Por otro lado, son muchos los retos que quedan para afrontar en el futuro de la investigación en este ámbito. Uno de ellos está relacionado con la propia multidisciplinariedad del concepto y la necesidad de integrar diferentes disciplinas para abordar distintos aspectos de la circularidad, muchos de ellos interconectados entre sí. En este sentido, es fundamental avanzar en la promoción de la colaboración entre disciplinas. En el CSIC hemos contribuido en este camino con la creación de la PTI SosEcoCir, cuya misión es contribuir a favorecer el desarrollo sostenible, compatibilizando el crecimiento industrial y socioeconómico del territorio con la conservación de sus recursos naturales.

Este libro, fruto de la cooperación entre miembros de dicha PTI, es un claro ejemplo de la necesaria colaboración entre disciplinas. Sin embargo, esta colaboración no es suficiente; es fundamental romper los silos en muchos ámbitos disciplinares, donde aún persiste cierta reticencia hacia aproximaciones teóricas y empíricas que van más allá del ámbito de una única disciplina. Solo así podremos abordar los problemas complejos y desafíos que enfrentan nuestras sociedades.

Bibliografía

BASTIANÍN, A. *et al.* (2025): *Forecasting the Volatility of Energy Transition Metals*, Fondazione Eni Enrico Mattei, Milán, *working paper*, 4.

BLOMSMA, F. *et al.* (2023): "The 'need for speed': Towards circular disruption-What it is, how to make it happen and how to know it's happening", *Business Strategy and the Environment*, 32, pp. 1010-1031.

CHEVANAZ, R. y DIMITROV, S. (2024): "From waste to wealth: Policies to promote the circular economy", *Journal of Cleaner Production*, 443, pp. 141086.

DE JESUS, A. y MENDONÇA, S. (2018): "Lost in Transition? Drivers and Barriers in the Eco-innovation Road to the Circular Economy", *Ecological Economics*, 145, pp. 75-89.

DEL RÍO, P. (2021): "Economía Circular: desafíos para la Ciencia y las políticas públicas", en G. Patón (dir.) y R. Salassa (coord.), *Tendencias actuales en Economía Circular. Instrumentos financieros y tributarios*, Thomson Reuters-Aranzadi, Pamplona.

DEL RÍO, P. *et al.* (2021): *The Circular Economy. Economic, Managerial and Policy Implications*, Springer Nature, Suiza.

DENG *et al.* (2022): "Rare earth elements form waste", *Science Advances*, 8(6).

Domenech, T. y Bahn-Walkowiak, B. (2019): "Transition towards a Resource Efficient Circular Economy in Europe: Policy Lessons From the EU and the Member States", *Ecological Economics*, 155, pp. 7-19.

Ehrenfeld, J. y Gertler, N. (2008): "Industrial Ecology in Practice. The Evolution of Interdependence at Kalundborg", *Journal of Industrial Ecology*, pp. 67-79.

Fundación Circle Economy (2023): *The Circularity Gap Report 2023*, en https://n9.cl/dpv4y.

— (2024): *Six trends in circular economy legislation to watch out for in 2024*, en https://n9.cl/9jcrq.

Fundación Ellen MacArthur (2014): "Hacia una Economía Circular", resumen ejecutivo.

— (2024): "The circular economy in detail", en https://n9.cl/i7eio.

García Quevedo, J.; Jové-Llopis, E. y Martínez-Ros, E. (2020): "Barriers to the circular economy in European small and medium-sized firms", *Business Strategy and the Environment*, 29, pp. 2450-2464.

García-Saravia Ortiz de Montellano, C. y Van der Meer, Y. (2022): "A theoretical framework for circular processes and circular impacts through a comprehensive review of indicators", *Global Journal of Flexible Systems Management*, 23(2).

Geissdoerfer, M. *et al.* (2017): "The Circular Economy – A new sustainability paradigm?", *Journal of Cleaner Production*, 143, pp. 757-768.

Gobierno de España (2024): "¿Qué es la economía circular?", en https://n9.cl/06pr7.

Goñi, S.; Guerrero, A. y Macías, A. (2009): "Stabilization/Solidification of Municipal Solid Waste in Cemented Matrices", Conferencia Nacional Sobre Avances en Reciclado de Materiales y Ecoenergía.

Hartley, K. *et al.* (2023): "A policy framework for the circular economy: Lessons from the EU", *Journal of Cleaner Production*, 412(2023), pp. 137176.

HEINRICH BÖLL STIFTUNG (2024): "Understanding the Circular Economy: Principles, Benefits, and Applications", en https://n9.cl/cleov.

HORBACH, J.; RENNINGS, K. y SOMMERFELD, K. (2015): "Circular Economy and Employment", *Mannheim*, mayo.

KEMP, R. *et al.* (2014): "Synthesis Report and Conclusions about Drivers and Barriers", *POLFREE Deliverable 1.7*.

KIRCHHERR, J. *et al.* (2018): "Barriers to the Circular Economy: Evidence From the European Union", *Ecological Economics*, 150, pp. 264-272.

— (2023): "Conceptualizing the Circular Economy (Revisited): An Analysis of 221 Definitions", *Resources, Conservation & Recycling*, 194, pp. 1-32

KIRCHHERR, J.; REIKE, D. y HEKKERT, M. (2017): "Conceptualizing the circular economy: An analysis of 114 definitions", *Resources, Conservation and Recycling*, 127, pp. 221-232.

KORHONEN, J. *et al.* (2018): "Circular economy as an essentially contested concept", *Journal of Cleaner Production*, 175, pp. 544-552.

KRAUSMANN, F. *et al.* (2009): "Growth in global materials use, GDP and population during the 20th century", *Ecological Economics*, 68, pp. 2696-2705.

KRISTENSEN, H. S. y ALBERG MOSGAARD, M. (2020): "A review of micro level indicators for a circular economy–moving away from the three dimensions of sustainability?", *Journal of Cleaner Production*, 243.

LOWE, E. A. (2001): *Eco-industrial parks: A handbook*, Asian Development Bank, Manila, Filipinas.

MACÍAS, M. Á. *et al.* (2001): "Valorización y tratamiento de cenizas y escorias de incineración de residuos sólidos urbanos", *Revista Química e Industria: Residuos y Energía*, n° 516, enero, pp. 39-46.

MCKINSEY QUARTERLY (2017): *Mapping the benefits of a circular economy*, en https://n9.cl/wnzijy.

MITECO (2021): *I Plan de Acción de Economía Circular 2021-2023*, Estrategia Española de Economía Circular.

— (2023): *I Plan de Acción de Economía Circular 2021-2023*.

— (2024a): "Economía Circular en la Unión Europea", en https://n9.cl/jcuaq.

— (2024b): *Estrategia Española de Economía Circular y Planes de Acción*, en https://n9.cl/8dp30.

MORAGA, G. *et al.* (2019): "Circular economy indicators: What do they measure?", *Resources, Conservation and Recycling*, 146.

MUNASINGHE, M. y MCKNEALY, J. (1995): "Key Concepts and Terminology of Sustainable Development", en M. Munasinghe y W. Shearer, *Defining and Measuring Sustainability*, The World Bank, Washington, pp. 19-56.

OCU (2024): "Pasaporte digital de producto: ¿qué y para qué?", en https://n9.cl/tlt15.

PARLAMENTO EUROPEO (2023): "Economía circular: definición, importancia y beneficios", en https://n9.cl/nxq0u.

— (2024): "Derecho a reparar: reparaciones más fáciles y atractivas para los consumidores", en https://n9.cl/lcuk8.

PARCHOMENKO, A. *et al.* (2019): "Measuring the circular economy-A Multiple Correspondence Analysis of 63 metrics", *Journal of Cleaner Production*, 210.

PEARCE, D. y TURNER, K. (1995): *Economía de los recursos naturales y del medio ambiente*, Celeste Ediciones, Madrid.

PINZÓN LATORRE, A. (2009): "La simbiosis industrial en Kalundborg, Dinamarca", *Dearquitectura*, 4, julio.

PNUD (2023): "¿Qué es la economía circular y por qué es importante?", en https://n9.cl/du8r5.

PNUMA (2018): "Una economía circular podría reducir hasta 99% las emisiones y los desechos industriales en algunos sectores", comunicado de prensa, 23 de octubre.

— (2024): "Perspectiva Mundial de la Gestión de Residuos 2024", en https://n9.cl/fa71e.

POTTING, J. *et al.* (2017): *Circular economy: measuring innovation in the product chain*, PBL Publishers, Ottumwa (Iowa).

REIKE, D.; HEKKERT, M. y NEGRO, S. (2023): "Understanding circular economy transitions: The case of circular textiles", *Business Strategy and the Environment*, 32, pp. 1032-1058.

Sharma, N. K. *et al.* (2020): "The transition from linear economy to circular economy for sustainability among SMEs: A study on prospects, impediments, and prerequisites", *Business Strategy and the Environment*, 30(4), pp. 1803-1822.

Sitra (2021): "How does the circular economy change jobs in Europe?", *working paper*, 16 de marzo.

Skene, K. R. (2022): "The Circular Economy: A Critique of the Concept", *Towards a Circular Economy*, pp. 99-116.

Smol, M.; Kulczycka, J. y Avdiushchenko, A. (2017): "Circular economy indicators in relation to eco-innovation in European regions", *Clean Technologies and Environmental Policy*, 19, pp. 669-678.

Taylor, L. (2020): "How the circular economy can improve our society", *Australian Circular Economy Hub*, en https://n9.cl/0a3i1.

Valencia, M. *et al.* (2023): "The social contribution of the circular economy", *Journal of Cleaner Production*, 408.

Van den Berg, J. (2020): "Six policy perspectives on the future of a semi-circular economy", *Resources, Conservation & Recycling*, 160, pp. 104898.

Wijkman, A. y Skånberg, K. (2015): "The Circular Economy and Benefits for Society", The Club of Rome, Suiza.

World Economic Forum (2021): "Circular Economy: This company recycles gold from electronic waste", en https://n9.cl/k4ux6a.

World Resources Forum (2024): "Where next for circular economy monitoring? An overview of European developments", en https://n9.cl/t80m2.

Títulos de la colección
¿Qué sabemos de?